137億光年のヒトミ

—地球外知的生命の謎を追う—

鳴沢真也
Shin-ya Narusawa

草炎社

137億光年のヒトミ

―地球外知的生命の謎を追う―

鳴沢真也 Shin-ya Narusawa

草炎社

もくじ

カバー写真提供◎兵庫県立大学西はりま天文台
デザイン◎木ノ下努［アロハデザイン］

はじめに

「いいかい。きみが世界初の宇宙人《うちゅうじん》発見者になるかもしれないからね。責任重大だぞ」

私の言葉に、コンピュータの画面を見つめていた少年がうなずく。

今日のターゲットは、かに座《ざ》五十五番星。地球から四十一光年のかなたにあり、惑星《わくせい》が五つも発見されている。生命が存在する惑星もあるかもしれない。

「よし。ではスタート！」

少年が「ＯＫ」ボタンをクリックする。彼《かれ》がおしたボタンは、となりの部屋に設置されている巨大《きょだい》な望遠鏡の可動《かどう》スイッチだ。モニターを通して、大きなロボットのような機械が少しずつ回転するのが見える。

「ほら、こっちの監視《かんし》カメラのモニターを見て。『なゆた』が動いているだろ。きみのその手で日本一の望遠鏡を動かしたんだぞ」

私がそういうと、少年はてれくさそうにはにかんだ。後ろに立って心配そうに見ていた少年の両親もほほえむ。「なゆた」はゆっくりと今夜のターゲットにむかって回転すると、静かに止まった。

ここは兵庫《ひょうご》県立西《にし》はりま天文台の望遠鏡制御室《せいぎょしつ》。いわば天文台の司令塔《しれいとう》だ。とな

なゆた望遠鏡を動かす少年

りの真っ暗な観測室《かんそくしつ》には、日本国内最大の天体望遠鏡、「なゆた」が設置されている。この望遠鏡、研究者だけでなく、一般《いっぱん》の人も見ることのできる公開天文台としては世界一の大きさをほこる。

今私は、ここを訪《おとず》れた小学生に、OSETI《オセチ》（光学的地球外知的生命探査《こうがくてきちきゅうがいちてきせいめいたんさ》）、つまり、宇宙人《うちゅうじん》探しを体験してもらっているところだ。直径二メートルという大きな鏡をもった最先端《さいせんたん》の望遠鏡は、計算上百三十八億光年*もの宇宙まで撮影《さつえい》することができる。はたして、この広い宇宙に私たち地球以外の生命は存在するのか。宇宙人はいるのだろうか。この問題にチャレンジすることが私の仕事のひとつだ。私たちは、この「なゆた」望遠鏡を使って、彼らが発しているかもしれないレーザー光線を観測、分析《ぶんせき》している。

キュイーン、キュイーンというモーター音を発して、望遠鏡が入っている部屋の屋根が少しずつ回転していく。「エンクロージャー」と呼ばれる可動式《かどうしき》の屋根は、ターゲットの星をコンピュータに入力すると自動的にその方向に回転するようにセットされている。

「ベンチレータオープン！」

「はい！」

私の言葉に、少年がふたたびマウスをクリックする。すると、グワーンという大きな音がして、ベンチレータ（天文台の壁《かべ》についているシャッター窓《まど》）がひらく。これは、気象センサーが感知した風向《ふうこう》にあわせてあけるシャッターだ。エンクロージャーにあたる風を調整して、質のよいデータをとるためのくふうをしている。

「さあ、なゆたが停止した。最初はこの星の写真を撮《と》るからね。このスタートボタンをクリック」

冷却《れいきゃく》ＣＣＤカメラと呼ばれる天体観測用デジカメの露光《ろこう》がはじまる。表示が「ライトフレーム撮影《さつえい》」から「画像転送」にかわる。

「さあ、そろそろだぞ。うまくいけば、ここに星が写っているからね。さあ、三、二、一、ゼロ」

「うわー！」

コンピュータのディスプレイに現れた星のイメージ。少年と家族から歓声《かんせい》があがった。

「これが今夜のターゲット、かに座《ざ》五十五番星。さて、これからが本番。次はこの

＊本書執筆当時は「宇宙の水平線」（82ページ参照）までの距離は百三十七億光年と考えられていた。二〇一三年三月、この距離は百三十八億光年に修正された。本書では、当時の筆者の思いを重視して、タイトルを百三十七億光年のままとした。

星からくる光を虹《にじ》で表してみるからね」

「なんで虹を調べると宇宙人《うちゅうじん》が見つかるの？」

星にフォーカスをあわせながら私はこの少年に説明する。

太陽の光をプリズムに通すと、七色にわかれるように、星からの光を虹のように色わけし、そこに宇宙《うちゅう》からのメッセージがないか調べるのだ。

「よし。では虹を撮影《さつえい》するからね。カメラのシャッターをおしてね。合図したら、今度はこのボタンをクリックしてよ」

露光《ろこう》時間を六百秒にセットした後、私は分光器制御《ぶんこうきせいぎょ》パネルに表示されているステータスをひとつひとつ指さしながら確認する。

「スリット一・二秒角。オーダカットフィルタWG三二〇。波長五三二〇・七オングストローム。ハルトマン板退避《たいひ》。スリットビュワフィルタグリーン。光源ミラー退避。波長光源ランプ消灯確認。フラットランプ消灯確認。すべてOK。じゃあ、露光開始！」

〃カチッ〃

「さあ、宇宙人が送ってくるレーザー光線を見つけるぞ」

その言葉を聞いて少年がつぶやいた。

「ほんとに、見つかるといいなぁ」

＊

ここ、西《にし》はりま天文台は、日本で最初のＯＳＥＴＩ《オセチ》（光学的地球外知的生命探査《こうがくてきちきゅうがいちてきせいめいたんさ》）がおこなわれているところだ。どうして日本で最初のＯＳＥＴＩがここではじまったのか？　天文学者だけでなく、どうしてわざわざ一般《いっぱん》の人たちにもＯＳＥＴＩの体験をしてもらっているのか？　そして、宇宙人を探すことにどんな意義があるのか？　そもそも宇宙人っているのか？　私がその問題にたどりつくまでにいたったできごとを書いてみたい。そのために、まず、私が宇宙と出会ったところから書きおこしたいと思う。

第一章

天文少年だった頃

宇宙《うちゅう》との出会い

長野《ながの》県北御牧《きたみまき》村（現在の東御《とうみ》市）が私の故郷《こきょう》だ。自然にめぐまれた小さな農山村で、家の窓《まど》からは浅間山《あさまやま》の荘厳《そうごん》な姿《すがた》をのぞむことができる。村にある信号機は、たったのひとつだけ。そんな村だから、ネオンサインなどはまったくないし、街灯もポツンポツンとあるだけ。夜になると、きれいな星空が村をつつんだ。街の明かりで星が見えにくくなる、「光害《こうがい》」（P．36コラム参照）とはほとんど無縁《むえん》の環境《かんきょう》だ。

私は小さい頃からとても好奇心《こうきしん》が強かったらしい。二歳《さい》のある日、ドラム缶《かん》にしがみつきながら「いたいよー、いたいよー」と泣いていたそうだ。けがでもしたのかと思った母親がだっこすると、私はドラム缶の中を、頭をつっこむようにしてのぞきこんだ。私が泣いていた理由は、「痛いよー、痛いよー」ではなくて、ドラム缶の中に何が入っているのか「見たいよー、見たいよー」だったというのだ。

宇宙との最初の出会いは、アポロ十一号による人類初の月面着陸だ。それは私が四歳のときのこと。当時、わが家のテレビは白黒だったが、月面をカンガルーのように歩く宇宙飛行士の姿をおぼろげに記憶《きおく》している。人類が月を歩いたことは、もちろん歴史的な大ニュースなので、当時はまさにアポロブーム。幼児《ようじ》むけのある雑誌《ざっし》がアポロの特集を組んでいて、それを母親が読んでくれた。そこには月面では体重が軽くなって、ふわふわ歩くことができると書いてあった。私も宇宙飛行士になったつもりで、カンガルーのような歩き方をまねていた。

もうひとつの古い記憶は保育園にあった絵本を読んでいたときのことだ。おそらく宇宙にかんする絵本だったと思う。そこには輪のある星の図がかいてあった。今から思えば、それは土星なのだが、その絵の印象がとても強かった。この宇宙にはなんて不思議な星があるのだろう、幼心《おさなごころ》に強いおどろきを感じた。

こんなことがきっかけになって、宇宙好きの少年になった私だったが、忘れられないできごとが小学校四年生のときに訪《おとず》れた。学校に行く途中《とちゅう》、同級生の女の子が、「今朝お兄さんと『すいせい』を見たんだよ。東の空に出ていたよ。たぶん明日も見えるんじゃないかな」

というのだ。そのときは、「彗星《すいせい》」なのか「水星」なのかわからなかったが、とにかく翌朝《よくあさ》早起きして東の空を見てみたら、びっくりぎょうてんだった。浅間山の上に壮大《そうだい》な尾をひく大彗星が見えているではないか。すぐに両親をおこして、いっしょにながめた。

当時の日記には、へたくそだがスケッチが残っている。少年だった私も、これはただごとではない、何か記録を残さなくてはいけないと感じたのだろう。

そんな様子《ようす》を見てのことか、父親が天体望遠鏡を買ってくれることになった。そして、次の日曜日には私をとなり町のデパートにつれていき、望遠鏡を注文してくれた。ところが、家に帰って望遠鏡がくるのを、今か今かと待っていたのだが、なかなかとどかない。その頃はまだ宅配便などといった物流システムが発達する前だ。いなかのわが家に望遠鏡がとどいたときには、すでにこの大彗星《だいすいせい》は見えなくなってしまっていた。

後から知ったのだが、この彗星は二十世紀で最も美しいといわれたウエスト彗星だった。よく例えられるように、まさに彗星のごとく現《あらわ》れ、彗星のごとく去っていった星だったそうだ。そのために天文マニアでもあまり見ることができなかった。だから、肉眼で見たとはいえ、私はとても幸運だったのだ。

待ちに待った望遠鏡は、一番安い、本当に初心者むけのものだった。それでもこれで私はいろいろな天体を観察した。

一九八六年に訪《おとず》れたハレー彗星もこの望遠鏡で見たし、天体写真などにもチャレンジした。小さな望遠鏡なので、銀河などを観察するとあわいあわいシミのようにしか見えなかった。それでも、そこに、もしかしたら宇宙人《うちゅうじん》がいるかもしれない……そんな思いでのぞいているとなんともいえない不思議な気持ちになった。そして、彼《かれ》らもまたこちら側、つまり天《あま》の川銀河《がわぎんが》（銀河系《ぎんがけい》）を観察しているかもしれない。むこうの銀河には宇宙人の天文少年がいて、やっぱり父親に小さな望遠鏡を買ってもらって、あわいあわい銀河系を観察しているかもしれない。彼も「銀河系に宇宙人がいるのかな」と考えてのぞいているかもしれない。宇宙人と地球人が出会える日がくるのだろうか……。そう考えると、心がふるえた。

中学生になると、宇宙全体の物質をつくる原子の構造や、惑星《わくせい》の運動を数学の公式で表すことができることに強い興味を持った。それは私にとっては神秘《しんぴ》だった。その頃のことをきくと、学校の黒板に方程式《ほうていしき》を書いては友人をつかまえて、長々と説明をしていたようだ。私自身はあまりおぼえていないのだが、今同級生に会うと、「あのときはたいへんだったぞ」といわれてしまう。

高校生のときには、電波天文台がある、野辺山《のべやま》にもなんどか行った。同じ天文学でも、宇宙や星からやってくる電波を調べる分野を電波天文学という。そのために使われる望遠鏡は細長いつつではなく、おわん型をした巨大《きょだい》なパラボラアンテナだ。これを電波望遠鏡と呼ぶ。

長野《ながの》県の野辺山高原《のべやまこうげん》にはこの電波天文学の大きな施設《しせつ》がある。国立天文台野辺山宇宙電波観測所だ。ここには、直径四十五メートルの大型電波望遠鏡をはじめ、いくつもの電波望遠鏡が立ちならんでいる。年に一回、一般《いっぱん》公開がおこなわれているが、私も友達をさそって参加してみた。

そこに行くと、なんでも質問コーナーがあり、回答者の席にすわっていたのが、世界的に有名な電波天文学者、森本雅樹《もりもとまさき》先生だった。私は一般の人ならしないような質問も、森本先生なら答えてくれると思い、質問した。森本先生はどんな質問でも、ニコニコしながらていねいに答えてくれたことを今でもおぼえている。ただ、このときは森本先生が将来《しょうらい》自分の仕事に大きな影響《えいきょう》をおよぼす人になるとは、思ってもみなかった。

NASA《ナサ》（アメリカ航空宇宙局）の惑星探査機《わくせいたんさき》の成果《せいか》も心をゆさぶられるできごとだった。私が小学校五年生のときに成功したバイキングの火星着陸。火星表面のカラー画像は鮮烈《せんれつ》だった。中学時代にはボイジャーの木星、土星接近があった。木星に輪が発見されたのもおどろきだった。そのニュースを伝えたテレビのアナウンサーの顔を今でもおぼえている。ボイジャーが伝送してきた土星のリングの写真は新聞に掲載《けいさい》されていたが、それを見たとき、ショックで背筋《せすじ》がゾクゾクした。それまで土星のリングは、数本のリングにわかれていることは知られていたのだが、ボイジャーの写した写真には何百本もの小リングが写っていたからだ。

カール・セーガンの「ＣＯＳＭＯＳ《コスモス》」

そしてちょうどその頃、私は生涯《しょうがい》を決定する本に出会う。その本のタイトルは「ＣＯＳＭＯＳ」。アメリカの有名な天文学者、カール・セーガン博士が書いたもので、当時ベストセラーとなった。セーガン博士はバイキングやボイジャーなどの計画にも参加していたし、ＳＥＴＩ《セチ》（地球外知的生命探査《ちきゅうがいちてきせいめいたんさ》）にも関わっていた。この本は今でも私にとってのバイブルで、セーガン博士は最も尊敬《そんけい》する人物だ。「ＣＯＳＭＯＳ」は、とても深い内容だった。それまで読んでいた天文の本とはまるでちがっていた。たんに宇宙《うちゅう》や星のことを紹介《しょうかい》するだけではなく、それが私たち人間とどう関係しているのかが書いてあった。専門家となった今、私なりにもう一度この本の要点を解釈《かいしゃく》してみる。

それによれば、私たちの体を原子レベルで見ると、半分以上は水素で、残りのほとんどが炭素、窒素《ちっそ》、酸素《さんそ》から構成されている。リンやイオウ、ナトリウム、カルシウムなども微量《びりょう》だがふくまれている。

実は、これらはすべて宇宙でつくられたのだ。「ビッグバン」という言葉を聞いたことがあるだろうか。百三十八億年前におきた宇宙誕生時《たんじょうじ》の大爆発《だいばくはつ》のことだが、それ以前は宇宙には物質も何もなかった。

このビッグバンのときに、まず水素がつくられ、それが集まって、第一世代の恒《こう》星《せい》（自ら光を出す星）ができた。恒星の中では、原子の反応がおきて、水素からヘリウムがつくられた。さらにヘリウムから炭素になり……と次々と反応がおきて、窒素、酸素、ナトリウム、イオウ、リン、カルシウムなどもつくられていった。

やがて恒星は宇宙空間に自分自身のガスをまきちらして死んでいく。中にはスーパーノバと呼ばれる大爆発をおこして死んでいくはげしい恒星もある。こうして宇宙にまきちらされたガスには、恒星の中でつくられた酸素、炭素、窒素……などがふくまれている。

これが、もともと宇宙にある水素ガスとまじり、集まって、第二世代の恒星ができる。この第二世代の恒星のひとつが太陽である。形成されたのは、だいたい五十億年前のことだ。太陽が形成されたときに、あまったガスやチリでできたのが惑星《わくせい》で、そのひとつが地球だ。

地球にはいろいろな偶然《ぐうぜん》がかさなって、やがて生命が誕生する。私たち生物の体は、地球にあった物質からできているのだ。最初は、ごく下等な生物だったが、数十億年の長い年月をへて知的生命、つまり人間にまで進化してきた。

こうして長い長い宇宙の歴史を考えると、人間の体をつくる元素はビッグバンや星の内部で形成されたことがわかる。自分の手を見たとき、その手の中にある無数の原子も、遠い昔は星の中にあったのだ。つまり、人間は宇宙からきたのだといえる。

地球に暮らしている人間は物質的にはまったく同じ。何のちがいもないのだ。ひとりひとりは小さな存在でも、人間はみなつながっている。天文学的に考えると、いろいろな差別はまったくおろかなものなのだ。そして、たくさんの偶然《ぐうぜん》がかさならなければ、人間にまで進化しなかった生命。私たち人間はとても貴重《きちょう》な存在《そんざい》だといえる。だから、仲間どうし傷《きず》つけあう戦争やテロはおろかなことなのだ。

さらに、宇宙《うちゅう》の中で地球だけが特別であるとは限らない。文字通り「星の数ほど」ある星の中には、地球にそっくりの星があるかもしれない。そこにやはり偶然がかさなった結果、知的生命が存在していても何も不思議ではないのだ。宇宙人はいるかもしれない。だから天文学者によるSETIはれっきとした科学なのだ。

もし、地球外に知的生命がいてもいなくても、人間は貴重な存在であることにかわりはない。セーガン博士は「COSMOS」の最後をこうしめくくっている。

「人間は生存していく義務がある。人間は宇宙からきたのだから」

宇宙を知れば知るほど、小さな地球やそこに住んでいる人間がいかに大切であるかがわかる……セーガン博士の語りかけたことが私の胸《むね》をうった。そして、このときにひとつの決心をしたのだ。将来《しょうらい》は天文の仕事をしよう、と。

column

コラム アレシボメッセージ

カリブ海にうかぶ、プエルトリコというアメリカ領の島がある。この島のアレシボ天文台には、直径が三〇五メートルという、世界最大の電波望遠鏡がある。一九七四年、このアンテナから、ヘルクレス座にあるM13という星団にむけて電波信号が送信された。

メッセージは、合計一六七九個の1と0。もしM13に地球人レベルの宇宙人がいたら、この信号は絵に描かれたメッセージであるとわかる。1679という数をかけ算であらわす場合、1と1679をかける以外は、23と73をかけるという組み合わせしかない。そこで、この1と0を、たて73文字、横23文字にならべてみる。すると、絵があらわれる。この絵を解読すると、電波を送信してきた地球人についてのいろいろな情報がふくまれていることがわかる。

ちなみに、絵は上から、一から十までの数、地球の生物をつくっている元素の種類、遺伝《いでん》に関する部分をつくる分子とその形、人間の形と身長、当時の世界の人口、太陽と惑星《わくせい》、アレシボ天文台のアンテナと大きさをあらわしている。(「西はりま天文台発・星空散歩」神戸新聞総合出版センター参照)。

さて、M13までの距離は二万三五〇〇光年。つまりメッセージがM13にとどくには二万三五〇〇年もかかる。もしM13に宇宙人《うちゅうじん》がいて、すぐに返事を出したとしても、それが地球にとどくのはさらに二万三五〇〇年後のことだ。このメッセージを考えた科学者のひとりがあの、カール・セーガンだ。アレシボメッセージは、「五万年たっても人類がほろびることなく地球に生存していよう」という地球人へむけてのメッセージなのかもしれない。

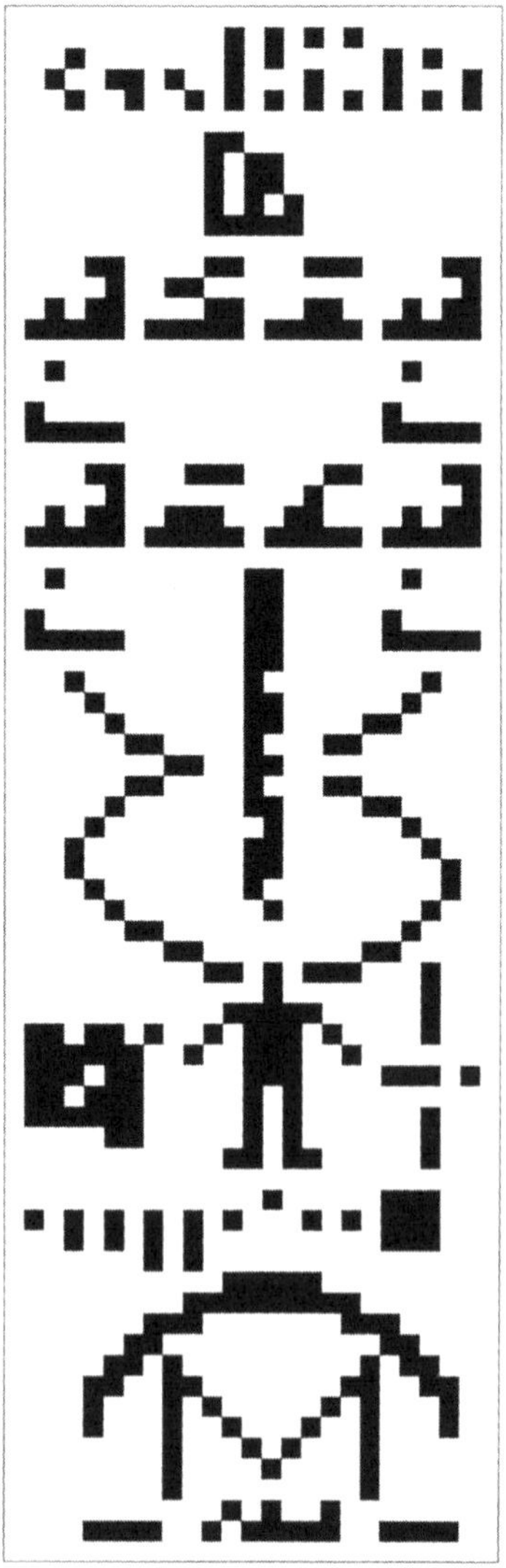

第二章

星へのあこがれ

学問としての天文学……カシオペヤ座《ざ》RZ星

天文少年は、大学でもまよわず天文学をえらんだ。福島《ふくしま》大学教育学部。私が天文を学問として学んだところだ。

はっきりとはおぼえていないが、たぶん、天文学を学ぶにはどの大学に進むべきか考えていた時期のことだと思う。アマチュアむけの天文雑誌《ざっし》を読んでいると、福島大学の教育学部に新しい天体望遠鏡ができたという小さな記事を目にした。この望遠鏡で星の明るさを精密《せいみつ》に測定《そくてい》すると書いてある。ぜひやってみたい！　そう思った。よし、ここに行こう！

うそのようだが私が進学する大学を決めた理由はこの望遠鏡だった。

大学は福島市郊外《こうがい》にあり、キャンパスは春になるときれいなツツジの花が咲《さ》きみだれた。大学の屋上には銀色のドームがあり、そこには雑誌で紹介《しょうかい》されていた天体望遠鏡がそなわっていた。望遠鏡の性能は、望遠鏡の中の鏡の大きさで決まるので、鏡の直径でその名前をつける。福島大学の場合は「四十五センチ望遠鏡」、つまり鏡の直径が四十五センチの望遠鏡である。ドームの中には、星の明るさを精密に測定できる機械もあった。

福島大学での天文担当の指導教官、つまり私の師匠《ししょう》は中村泰久《なかむらやすひさ》という先生で、とても紳士的《しんしてき》な人だった。いっぽうで学問にたいしてはきびしい先生で「学問に休みなし」とよくいっていた。私が英語の論文に挫折《ざせつ》すると「英語できずして二十一世紀を生きようと思うな」といわれたこともある。

私は天文の研究に没頭《ぼっとう》した。中村研究室の研究テーマは「近接連星系《きんせつれんせいけい》」。宇宙《うちゅう》には太陽のようなふたつの恒星《こうせい》がおたがいにまわりあっている場合があるが、このような天体を「連星系」という。実は夜空に見える恒星のほとんどは連星系だ。ふたつの星が接近している場合やくっついている場合は、とくに「近接」連星系といっている。近接連星系ではいろいろとおもしろい現象がおきているので、これらの研究は天文学では大切な分野のひとつになっている。

私が研究テーマにえらんだ星は、カシオペヤ座RZ星という。ふたつの恒星がグルグルとおたがいにまわりあっている様子《ようす》を地球から観測していると、明るさが変化する場合があるのだが、カシオペヤ座RZ星は、理論的には決しておこらないような変化をしていた。謎《なぞ》、未知の現象、まるでパズル……。とてもおもしろかった。

「よし、この謎《なぞ》はオレが解明してやる」

そう決めた。この星の謎をとくことが、自分にあたえられた使命のように思えたのだ。

光というのは、実に不思議なもので、粒《つぶ》としての性質と、波としての性質をもっている。粒としての性質で考えたときに、その粒のことを光子《こうし》といい、望遠鏡に装《そう》着《ちゃく》する「フォトマル」という電子機器を使うと、光子を一粒、二粒と数えることができる。これを利用して星の明るさを精密《せいみつ》に測定《そくてい》することができるのだ。

四十五センチ望遠鏡で、私はこの星の明るさの変化を徹底的《てっていてき》に調査《ちょうさ》した。晴れていれば毎晩《まいばん》のように明け方まで観測。今の職場、西《にし》はりま天文台の望遠鏡制御室《せいぎょしつ》のようにエアコンのきいた部屋でやるのとはちがって、ドーム内でデータをとっていたので、冬はかなりつらい作業になった。自分のふとんをもちこんで、観測が終わると研究室で仮眠《かみん》をとり、くもった日はパソコンでデータ処理。必要なプログラムも市販《しはん》されていなかったので、自分たちでつくった。今にくらべたらとても計算がおそいパソコンだったが、それでも当時は夢中《むちゅう》だった。

ところが、四年生になっても謎はとけなかった。就職《しゅうしょく》の道をえらぶ同級生もいたが、私は研究を続けること以外、まったく考えていなかった。そして、大学院の中《なか》村《むら》研究室に進んだ。

大学院では、大型コンピュータを使ってカシオペヤ座《ざ》ＲＺ星のモデルをつくるという研究をした。今度は一日中コンピュータにむかう日々。ディスプレイに表示される数字が夢《ゆめ》の中に次から次へと出てきたこともあった。意識がなくなってたおれるまで研究したことも……。

研究に情熱を燃やしたのだが、結局カシオペヤ座ＲＺ星の謎は解明できなかった。パズルは想像していたよりも、むずかしかったのだ。

福島大学を巣立《すだ》つ日がきてしまった。それでも、「この謎はオレが解明する」という思いはどうしてもさめなかった。イランやイギリスにも同じ問題に気がついているグループが出てきているのを知っていた。ライバルたちに負けるわけにはいかない。研究を続けなければ！

夢《ゆめ》のような天文台

私が現在勤《つと》めている、西《にし》はりま天文台のことを知ったのは、そんな大学生のときだった。夏休みになると西はりま天文台では、学生アルバイトを募《ぼ》集《しゅう》していた。そこで大学院二年生のときに、私は経験をつむためにやとってもらったのだ。福島《ふくしま》から新幹線をのりついで六時間。お城で有名な姫路《ひめじ》市につく。ここからローカル線に乗りかえてさらに一時間ほどゆられていくと、佐《さ》用《よ》駅に到着する。ここが兵庫《ひょうご》県佐用《さよう》町。となりはもう岡山《おかやま》県だ。駅の北側には、標高《ひょうこう》四四六メートルの大撫《おおなで》山《さん》をのぞむ。この山の頂上《ちょうじょう》一帯が「キラキラランド」と呼ばれる公園になっていて、キャンプファイヤー場、運動場などが併設《へいせつ》されている。そして頂上には六十センチ望遠鏡が設置されている天文台がある。これが西はりま天文台だ。

外観は西洋の教会をイメージした建物で、窓《まど》はステンドグラスの模様《もよう》になっている。私が一番びっくりしたのは、天文台のすぐそばに花畑があって美しい花が咲《さ》きみだれていたことだった。天文台なのに花畑なんて……。しかし、それはそれはきれいな光景だった。西はりま天文台イコール花畑、これが西はりま天文台を訪《おとず》れた

▲西はりま天文台（現・天文台北館）

ときの最初の強い印象だった。

それまで研究観測《けんきゅうかんそく》などでいくつかの天文台に行ったことがあったが、このような天文台は初めてだった。それもそのはず、西はりま天文台は、研究だけを目的とした天文台ではなかったのだ。一般《いっぱん》の人にも望遠鏡で星を見てもらうことを前提《ぜんてい》とした天文台、つまり公開天文台だったのだ。天文台の花畑も訪れる人への心づかい。公園内には団体用・家族用のロッジもあって、宿泊《しゅくはく》することもできる。もし私の少年時代、家のちかくに、西はりま天文台のような施設《しせつ》があったら、たぶん、いりびたりになっていたと思う。

天文台に勤務《きんむ》している研究員の人たちも、お客さんに対してはもちろん、私のような学生アルバイトにもとても親切だった。公開天文台に勤務するには、ただ天文の知識があるだけではだめなんだと、そのときに気がついた。明るい雰囲気《ふんいき》に、私はすっかりこの天文台が気にいってしまった。

アルバイトとしての私の仕事は、昼間に天文台を見学する一般《いっぱん》の人に六十センチ望遠鏡の説明をすることだった。そして、夜になると、研究員たちが望遠鏡でお客さんに星を見せる手伝いもしていた。このときばかりはアルバイトも六十センチ望遠鏡を操作《そうさ》することができた。

私が滞在《たいざい》していたときには、幼稚園《ようちえん》のお泊《と》まり会や天文学を専攻《せんこう》している大学生の勉強合宿、教師の研修会などがあった。私はそこで望遠鏡や星の話をした。日曜日には、二百人をこえるお客さんに、六十センチ望遠鏡で土星を見てもらった。いろいろな人と出会うことができるし、自分のとくいな天文の話をしてお金がもらえる……私は楽しくてしかたなかった。宇宙のロマンや不思議さを人と共有できるよろこびを肌《はだ》で感じたのがこのときだった。毎日毎日が夢《ゆめ》のようだった。

あるときは、小学生のかわいいお客さんが家族につれられてやってきた。そして、

私の話を熱心に聞いていた。その子どもは、

「ぼくは星がだいすきなので、将来《しょうらい》は天文学者になりたい」

といった。名前は真也《しんや》くん。私と同じ名前なので、すっかりなかよしになって、おたがいにがんばって天文学者になろうねと、約束したことをよくおぼえている。

さて、お客さんに星を見てもらう観望会《かんぼうかい》が夜の九時に終了すると、今度は研究員が観測をおこなう番だ。ある夜、研究員のひとりにお願いして、私の研究テーマ、カシオペヤ座《ざ》RZ星の観測をさせてもらった。

西《にし》はりま天文台では、当時天文業界に広まりはじめた冷却《れいきゃく》CCDカメラという天体観測専用のデジタルカメラを使っていた。原理的に、CCDカメラはふつうのカメラの百分の一の露光《ろこう》時間ですむ。ふつうのカメラの場合は現像をしてはじめて画像が見られるが、CCDカメラの場合はリアルタイムで見ることができる。その場で次の撮影《さつえい》の目安がわかるのだ。さらにデジタル画像なのでコンピュータを使っていろいろな画像処理をおこなうことがかんたんだ。写った星の明るさを精密《せいみつ》に測定《そくてい》することも可能。CCDは天文学に革命《かくめい》をもたらしたカメラだった。

CCDカメラの中はポットのような構造になっていて、マイナス二〇〇度の液体《えきたい》

窒素《ちっそ》をいれて使う。液体窒素は大きなつぼ型の容器の中に入っていて、観測《かんそく》の一時間前になるとポンプを使ってカメラにいれるようになっている。そのときにまわりの水蒸気《すいじょうき》が冷えて白い雲になり、カメラから出てくる。それがなんとも幻想的《げんそうてき》な感じなのだった。私はCCDカメラも液体窒素も初体験だった。

なにせまだ一般《いっぱん》にはデジタルカメラも普及《ふきゅう》する前のことだ。はじめてCCDで撮影《さつえい》した星のデジタル画像を見て、それまでの天体写真とのちがいにおどろいた。

アルバイトは十日間だったが、あっというまだった。アルバイト代は往復の交通費でなくなってしまったが、そんなことはまったく気にならなかった。こんなにも楽しい体験ができたからだ。

夏休みも終わり、私も大撫山《おおなでさん》を下山することになった日。ある研究員が佐用《さよ》駅まで送ってくれた。

「アルバイトとても楽しかったです。私も大学院を終えたら、こんな夢《ゆめ》のような天文台に就職《しゅうしょく》したいです」

私が車内でそういうとその研究員がいった。

「うん。鳴沢《なるさわ》くんは公開天文台むきだと思うよ」

カシオペヤ座《ざ》RZ星の観測をいっしょにしてくれた研究員だった。希望がわいてくる言葉を胸《むね》にきざみ、私はアカトンボが飛びはじめた佐用《さよう》をあとにした。

column

コラム

光害《こうがい》

私の故郷《こきょう》はいなかなので、星がよく見えた。天《あま》の川《がわ》もはっきり見えた。ところが、今帰省《きせい》すると、当時ほどには星が見えなくなっていてとても悲しい。高速道路もできたし、外灯やネオンサインなどがふえたためだ。

昼間は星が見えないのと同じ理由で、空が人工の照明で明るくなり、星が見えにくくなることはりっぱな公害《こうがい》。これを光害（「こうがい」または「ひかりがい」）という。光害は生態系への影響《えいきょう》も心配されているし、高齢者《こうれいしゃ》の目に障害となっているという話もある。夜間の照明は必要なのだが、むだな光が空にもれないようにくふうすることが大切だ。そのほうが省エネにもなる。本物の天の川を次の世代にも、のこしたいものだ。

第二章

マイカー・アストロノーマー

教師になる

西《にし》はりま天文台でのアルバイトで天文への思いをいっそう強くした私だったが、天文の就職先《しゅうしょくさき》というのは、実はあまり多くはない。私の場合も、大学院を終わっても天文関係への就職のチャンスはなかった。大学では高校教師の免許《めんきょ》を取っていたので、教員の採用試験を受けた。教師をしながら休日には大学の研究室に行ってカシオペヤ座《ざ》RZ星の研究をしようと思っていたのだ。天文分野は高校では地学という教科の中で習う。運よく、おとなりの宮城《みやぎ》県の地学の教師として採用された。

大学の研究室の恩師《おんし》中村《なかむら》先生も、大学につとめる前は東京で定時制高校の先生をしていた。昼間は国立天文台に行き研究をし、夕方から高校で先生をされていたようだ。高校での仕事がいそがしくなってなかなか研究が進まないときも、研究のことを忘れないように通勤電車の中でも、次に何をすべきか考えていたそうだ。当時をふりかえってよく、

「私は電車内アストロノーマー（天文学者）だったよ」

といっていた。そんな先生を手本に私も高校教員をしながら研究だけは継続したい

といきごんでいたのだ。

最初の学校は太平洋《たいへいよう》をのぞむ石巻《いしのまき》という場所にあった。理科の教師だから毎日白衣をきて授業をしていた。学校の近くには、航空自衛隊《こうくうじえいたい》ブルーインパルスの基地《きち》があって、しばしばアクロバット飛行の練習をしている様子《ようす》が窓《まど》から見えた。

地学の授業を通して生徒たちに感じてほしかったのは、地球や宇宙《うちゅう》の神秘《しんぴ》、不思議さだった。私が教壇《きょうだん》に立っていた意味はここにあったと思う。

地学では、地球の歴史と生物の進化の関係について学ぶ単元がある。約四十億年前の海で原始的な生命が誕生《たんじょう》し、それがやがて多細胞生物《たさいぼうせいぶつ》となり、魚類となり、陸地へ上陸して、両生類、そしてほ乳類《にゅうるい》へと進化した。ほ乳類の中で、ある種の霊長類《れいちょうるい》から人類が進化し、ついに人類は文明を持つにいたる。文明が築きあげられるまでには、実に四十億年の歳月《さいげつ》が必要だったわけだ。しかも、生物の進化にはいろいろな原因が関係している。たとえば、大陸の形や地形の変化、それにともなう気候の変化など。いろいろな偶然《ぐうぜん》がかさなって、人間までの進化があったのだ。恐竜《きょうりゅう》が絶滅《ぜつめつ》したのは、巨大隕石《きょだいいんせき》の地球への衝突《しょうとつ》が原因だとする説がある。もしも、隕石が落下していなければ……この地球にはまだ恐竜が繁栄《はんえい》していて、人間はいなかったのかもしれないのだ。若い教師だった私は、生徒たちに本物の化石を手にとって見せながら、地球と生命の進化、人間にいたるまでのつながりを説明した。

あれはたしか同僚《どうりょう》の先生のピンチヒッターとなったときだったと思う。なんでもすきなことをしていいからと、授業をたのまれたことがあった。そのときの私の授業は、「もしもきみが宇宙人《うちゅうじん》だったら」。生徒たちに「アレシボメッセージ」(P.23コラム参照)の解読にチャレンジしてもらったのだ。一九七四年、地球から宇宙にむけて発信されたメッセージ。白と黒のマス目で表される図を前に、自分が宇宙人になったつもりで地球人からのメッセージを解読してみようという試みだった。異文化とコミュニケーションをとるにはどうしたらいいのか、そして宇宙、原子、生命、人間、文明などは関係しあっているということを伝えたいと思った。

クラブ活動では、私は天文関係のクラブの顧問《こもん》をしていた。ある日、日本中で皆《かい》既月食《きげっしょく》が見える夜があった。クラブの生徒と学校に泊《と》まりこんで観察した。学校の屋上にあがり、外が暗くなるのを、みんなで待った。ところが月食の時間になると、残念なことにくもってしまった。ずっと待っていたのだが、いっこうに晴れない。もうあきらめようか、と生徒をうながしたのだが、月食が終わる時間まではがんばるという。

「雲の上では皆既食の赤い月が見えてるんだね。くやしい！」

生徒が残念そうだ。ところが、そろそろ皆既も終わる時間になると、少しずつ雲が晴れてくるではないか。そして、とうとう月が顔を出した。うす暗く、赤黒いなんとも神秘的《しんぴてき》な月に、生徒たちから歓声《かんせい》があがった。待ったかいがあった。そのときに生徒が「生きててよかった！」ともらしたのだ。私がクラブの顧問をしていて、よかったと思えた瞬間《しゅんかん》だった。

この高校では、赴任《ふにん》したときに、ソフトボール部の副顧問も担当することがすでに決まっていた。この学校はソフトボールがとても強いことで有名で、ほとんどの土曜日・日曜日は他の学校との練習試合だった。ときには泊まりこみで他の県まで行くこともある。副顧問といえども、こういった練習試合の引率《いんそつ》に参加しなければならなかった。だから、中村《なかむら》研究室に行って研究を続けることができない。それどころか、明日の授業の準備もできない状況《じょうきょう》だった。生徒が打った白球をながめているときも世界のライバルたちの研究はどんどん進展している……。そのような日々が続いていたので、私は心の中であせっていた。ロシア船が停泊《ていはく》する石巻《いしのまき》の港でひとり思いなやんでいることもあった。「ニャーニャー、ニャーニャー」ウミネコが鳴いている夕暮れの港。じっと手を見つめて自分に問いかけた。

「オレはいったいどうなってしまうんだ？」

このとき私は不安におしつぶされそうになっていた。

私は思いきって中村《なかむら》先生に相談の手紙を書いた。しばらくすると先生から大きな封筒《ふうとう》がとどいた。その中には英語の雑誌《ざっし》のコピーが入っていた。読んでみると、それはエドウィン・ハッブルの伝記だった。宇宙《うちゅう》が膨張《ぼうちょう》していることを発見したアメリカの偉大《いだい》な天文学者、ハッブル。そこには中村先生からの手紙がそえられていた。

「あのハッブルも高校の教師をしていたときがあったそうです。生徒にしたわれたいい先生だったそうです」

伝記には、教師時代のハッブルが笑顔《えがお》の生徒たちにかこまれている写真も掲載《けいさい》されていた。

「ひとりでも地球や宇宙《うちゅう》のロマンを感じてくれる生徒がいるのなら、その生徒のためにがんばったらいいじゃないか。そして、いつの日かチャンスがめぐってくるかもしれない」

そう自分にいい聞かせて、私は教師を続けることにした。

そうこうするうちに教師生活も二年目の冬となった。授業がはじまる前のある朝、校舎《こうしゃ》にある私の部屋、地学準備室でのことだ。パルプ工場の大きな煙突《えんとつ》から出てくるけむりを窓《まど》からながめて、ラジオのスイッチをいれた。するとラジオで臨時《りんじ》ニュースを放送していた。阪神《はんしん》・淡路大震災《あわじだいしんさい》がおきたのだ。震源地《しんげんち》からは七〇〇キロほどはなれたところに暮らしていたのだが、あまりにも大きな被害《ひがい》にただただ、おどろくばかりだった。その頃、西《にし》はりま天文台には、大型望遠鏡を建設しようという構想があったこと、ところが、震災でこの計画は流れてしまったこと、大型望遠鏡を夢見ていた研究員がそのために、西はりま天文台を去る決意をしたこと。この震災が西はりま天文台に影響《えいきょう》をあたえていたことを、私は知るはずもなかった。

それからまた何日かたった。仕事を終えて家に帰り、その頃はじめた電子メールをひらいた。すると天文関係のメーリングリストに投稿《とうこう》された一通のメールのタイトルが目にとまった。「西はりま天文台研究員募集《ぼしゅう》」。私にとってはまるでこの世の楽園のようだった、あのなつかしの西はりま天文台。駅まで私を送ってくれた研究員が別の天文台の台長として転職するために、研究員一名の欠員ができたのだ。メールの本文には応募資格《おうぼしかく》として、「大学または大学院で天文学を専攻《せんこう》した三十五歳《さい》未満《みまん》の方で、光学・赤外線天文学分野の観測者《かんそくしゃ》に限る」と書いてあった。これは私にも資格があった。審査《しんさ》は書類選考とのこと。

実は、これまでも西《にし》はりま天文台研究員の募集が二回あって、そのつど応募したのだが、二回とも不採用だった。これが最後、今度だめならもうあきらめよう。そんな思いで、履歴書《りれきしょ》、研究経歴《けんきゅうけいれき》、これまでに出した論文、採用後の研究・教育普及《きょういくふきゅう》の抱負《ほうふ》など必要な書類を郵送《ゆうそう》した。

やがて春がきて、私は別の高校に転勤することになった。担任をしていたクラスのある生徒から手紙がとどいた。個人面接で進路の相談をしたときに私が、「きみなら、だいじょうぶ。なんとかなる」といったひとことがはげみになった、とてもうれしかった、そういった内容だった。ひとことのはげましが、人間にはがんばれるエネルギーになる、生徒から逆におしえられた。

西はりま天文台へ

　転勤先の高校は、海岸のすぐちかくにあった。石巻《いしのまき》のアパートから車で一時間ほどかけての通勤になった。中村《なかむら》先生を見習って、研究のことを考えながら通いはじめた。それを中村先生にメールすると、すぐに返事がきた。

「マイカー・アストロノーマーはだめです。車を運転するときは、運転のことだけ考えなさい。あぶないですよ」

　新しい学校にもなれはじめた、そんなある日、いつものように帰宅すると、わが目をうたがうような知らせがとどいていた。西はりま天文台からの採用通知だったのだ。そこには七月からの採用と書いてあった。とうとう私の宇宙《うちゅう》への道がひらけたのだ。しかもあの西はりま天文台。その夜は、興奮《こうふん》して寝《ね》ることができなかった。

　ところがこのうれしい気持ちが、だんだんとさめていく自分に気がついた。気になることがあった。私は新しい学校に転勤したばかりだったが、クラスの担任を持っていたのだ。もし担任を持っていなかったらまようことはなかったのだが、さすがに途中《とちゅう》で退職するということに責任を感じた。西はりまへ行くべきか？　ことわるべきか？　生徒らを見捨《みす》てるのか？　自分の夢《ゆめ》を捨てるのか？　いずれにせよ早く答えを出さないと学校にも西《にし》はりま天文台にもめいわくがかかる。何日も自問自答のくりかえし。まぶたをとじると生徒ひとりひとりの顔が目にうかんでくる。私は、家の畳《たたみ》の上をころがって苦しんだ。結局、自分では結論を出すことができなかった。

そこで、もう一度中村《なかむら》先生に相談をした。先生からの返事の手紙には、こう書かれていた。

「それはなやむことでしょう。よくよく考えなさい。真剣《しんけん》になやみなさい。でも人は、最後は本当に自分の進みたい道を歩いてゆくものです」

その言葉を読み、心を決めた。

もうまよいはなかった。学校にも生徒らにも、たいへんめいわくなことだったのだが、退職願いを出した。いっぽうで、西はりま天文台にお願いして、なんとか一学期が終わるまで待ってもらうことにした。

今ふりかえっても、このときの私の決断はまちがっていなかったと思う。そして後悔はしていない。生徒たちもきっとわかってくれていると信じている。

一学期の終業式のあとに、私ひとりのための離任式《りにんしき》をしてもらった。クラスの生徒がよせがきをしてくれた色紙をかかえ、理解ある同僚《どうりょう》の教諭《きょうゆ》たちに見送られて、私は海岸に建つ校舎《こうしゃ》をあとにした。

column

コラム　公開天文台

一般《いっぱん》の方に星を見てもらうことを目的として運営されているのが公開天文台だ。

西はりま天文台のオープン後に、全国にたくさんの公開天文台ができた。現在は約三五〇以上もあるそうだ。そのほとんどが市町村立。県立の天文台は兵庫県《ひょうご》の西《にし》はりま天文台のほかには、群馬県《ぐんま》にぐんま天文台がある。西はりま天文台をモデルとしてできた天文台もいくつもある。

二〇〇四年十一月に公開をはじめた「なゆた望遠鏡」（主鏡の直径二メートル）は世界最大の公開用望遠鏡なので、現在、西はりま天文台は世界一の公開天文台ということになる。

ぜひ近くの公開天文台へ行って、宇宙のかなたの星を見てみよう。

第四章

西はりま天文台で

疲《つか》れも吹《ふ》き飛ぶ観望会《かんぼうかい》

「たくさんの穴《あな》があいてるでしょ？　この穴、なんていうか知ってる？」

六十センチ望遠鏡をのぞきこんでいる子どもに私が聞く。

「クレーター！」

子どもがまよわずに答える。

「そう。じゃあ、どうしてクレーターができたかわかる？」

「あのなあ、昔、月に隕石《いんせき》が落ちてきて爆発《ばくはつ》したんやろ？」

「よく知ってるねぇ。きみは残って明日から助手をしてくれよ」

ドームの中にいる今夜のお客さんたちが笑い出す。

私は、とうとう念願の西《にし》はりま天文台に職員として勤務《きんむ》することになった。

高校生のときに野辺山《のべやま》で質問をした森本《もりもと》先生は、国立天文台を退官した後、西はりま天文台公園の園長になっていた。

西はりま天文台で一番大切な仕事は、なんといっても一般《いっぱん》の方々に望遠鏡で星を見てもらう観望会だ。

「穴が見えるんか？　どれどれ」

今度はお母さんが、望遠鏡をのぞきこむ。

「いやー！　ほんまや。ほんまに穴があいている。タコの吸盤《きゅうばん》みたいやなあ」

「月といえば、かぐやひめ。かぐやひめはとっても美人だったから、月にあやかると、お母さんは今よりもっと美人になれるかもしれませんよ」

「きゃー！　お兄さんうまいこといっちゃって。じょうだんでもうれしいわあ」

お母さんが笑いながら、私の肩《かた》をポンとたたく。次にお父さんが望遠鏡をのぞく。

「月は、人間が歩いてきた天体ですよ。アポロですね。みなさんおぼえてますか？　月には水も空気もありません。だから雨もふらないし、風も吹きません。では、ここで問題です。『アポロ十一号が月に立ててきたアメリカの旗《はた》、今でもちゃんと立っている』マルかバツか？　さあどっち？」

「マル！」

「マル！」

「バツ、バツ！」

「絶対バツや！」

▶
西はりま天文台・
60センチ望遠鏡

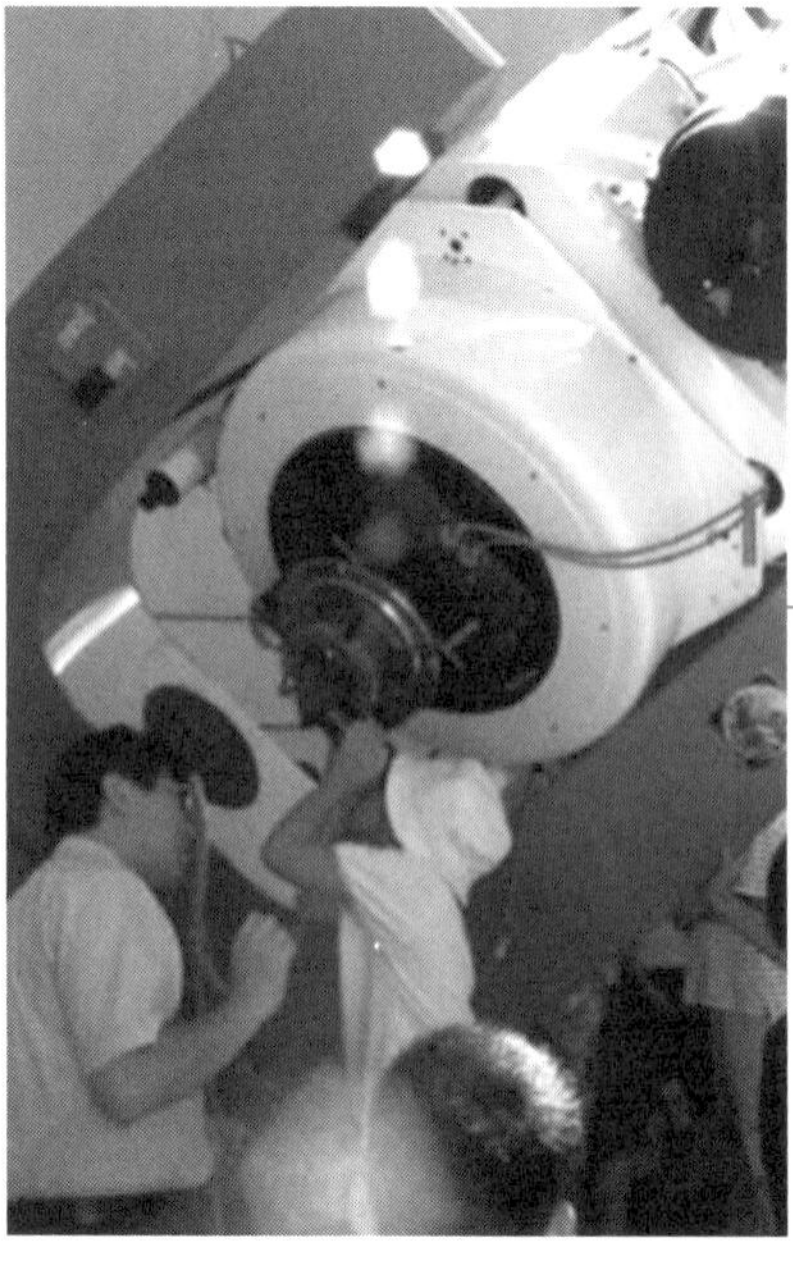

◀
観望会の様子。順番に
望遠鏡をのぞく子ども。

子どもたちがいっせいに答える。

「わかれましたね。では、答えをいいますよ。答えは……」

注意をひくために私がわざと沈黙《ちんもく》すると、みんなが私に注目する。

「バツでーす！」

「やったー！」

あたった子どもたちがいっせいにさけぶ。

「アポロが月から帰ってくるとき、ロケットの噴射《ふんしゃ》で、ばたんとたおれちゃったそうです。十二号からは、ロケットの遠くのほうに、しっかり立ててきたそうです」

ドームの中で「へえー、へえー」という声が反響《はんきょう》する。

「月は十二人のアメリカ人が歩いただけでアポロ計画は終了しました。それからだれも月に行っていません。でも、また人間が月を歩く日がきっときます。それに、日本も月に基地《きち》をつくろうという構想があります。もしかしたら、今ここにいるみなさんの中に、将来《しょうらい》月ではたらく人がいるかもしれませんよ」

月明かりに照らされている子どもたちの瞳《ひとみ》がかがやきをます。

「さあ、では次はダブルスターという天体を見ます。肉眼《にくがん》で見るとひとつですが、望遠鏡で見るとふたつの星がよりそって、まるでデートしているように見えます。ふたつの星の色はカリフォルニアオレンジとハワイアンブルー。まるで夜空の宝石のようです。これは今夜きてくれたカップルの方への私からのプレゼントです」

観望会《かんぼうかい》には実にいろいろなお客さんが参加する。ある夜、やはり六十センチ望遠鏡で団体のお客さんに月を見せていたときのことだ。

「月は人間が歩いてきた天体ですよ。アポロですね」

といったら、参加者のひとりが、

「私は、アポロが持ち帰った月の石を分析《ぶんせき》したことがありますよ」

というのでびっくりした。その日のお客さんは岩石・鉱物学者のグループだったのだ。

夏休みになると、毎晩《まいばん》百人をこえる人が天文台を訪《おとず》れ、スタッフは大いそがしになる。でも、お客さんがよろこんで帰る、その顔を見ると、疲《つか》れがいっぺんに吹《ふ》き飛ぶ。観望会は私にとってのドリンク剤《ざい》のようなものだ。数日たって観望会に参加した人から感謝の手紙をもらうと、この天文台に勤《つと》めて本当によかったと思う。それが私の仕事であり、一番のいやしでもあるのだ。

「天プラ」

観望会では、望遠鏡で星を見てもらうほかに、屋外に出て星座の解説をすることもある。私たちは天然のプラネタリウムということで、「天プラ」と呼んでいる。

「さあ、みんな、こっちに集まって！　集まった人から芝生《しばふ》にすわってくださいね。これからプラネタリウムをします」

意外な私の言葉に、少年がおどろく。

「プラネタリウムって、ここ外やんか！」

「プラネタリウムといっても、本当の星空でやるプラネタリウムなんです。天然の夜空でやるプラネタリウム。略《りゃく》して天プラ！」

芝生にすわったお客さん全員が大笑い。

「まず最初は七夕《たなばた》の星から紹介《しょうかい》します。七夕伝説に登場する女の人はなんていいますか？」

子どもたちがいっせいに答える。

「織りひめさん！」

「そう正解。ときどきおとひめさん、って答える人がいますけど、おとひめさんは海の中だよ。空にいるのは、織りひめさんだからね。さあ、その織りひめさんは……これです」

私は頭の真上にかがやく星を懐中電灯《かいちゅうでんとう》の光でさす。

「へー。あれが織りひめさんか」

子どもも大人も感心しているようだ。私はその星の周囲をさして説明を続ける。

「このあたりがこと座《ざ》という星座。織りひめさんには、ベガという名前がついています。今、みんなが見ているこの光は、二十五年前の光なんですよ」

「ぼく生まれていないや!」

「そうだね。二十五年前に織りひめさんから出た光を今、みんなは見ているわけです。ベガのまわりにはね、こまかいチリがたくさん取りまいていることがわかっています。惑星《わくせい》のできそこないです。もしかしたら、惑星が本当にあるかもしれません。アメリカのカール・セーガンっていう天文学者は、ベガに宇宙人《うちゅうじん》がいるというSF小説まで書いているんですよ」

だんだん目が暗いところになれてくると、たくさんの星々が見えてくる。

「きれーい。星ってこんなにあるんですねー」

若い女性のお客さんが感動して、ためいきをつく。

「さあ次は、お相手の星です。七夕《たなばた》伝説に登場する男の人はなんていいますか？」

「彦星《ひこぼし》！」

子どもたちが元気に答えてくれる。

「そうです！　この前はね、おだいりさまって答えた人がいたよ」

ここで、また大笑い。

「彦星は、これだ！」

「うわあ！」

歓声《かんせい》があがるたびに、私も気分がのってくる。

「わし座《ざ》のアルタイルともいいます。この星はね、とても速く自転していることで有名なんです。たったの七時間で自転する星なんです。すごく速くまわっているからラグビーボールみたいにつぶれた形になっているんです。こうしてたくさんの星を見ていると、どれも同じように見えるかもしれませんが、実はひとつひとつみんな個性があるんですよ。だから星って調べるとおもしろいんですよ。そうそう、アルタイルにも、もしかしたら宇宙人《うちゅうじん》がいるかもしれませんね。日本の森本雅樹《もりもとまさき》という天文学者たちが、アルタイルにむけてメッセージを送ったことがあるんです。アメリカのアンテナから電波でメッセージを送ったんです。本当に宇宙人がいて、返事がかえってきたらいいですね」

「ほぉー。夢《ゆめ》のある話ですねぇ」

おばあさんが感心したようにいう。

「さあ、織りひめさんと彦星《ひこぼし》の間をよーく見てよ。なんだか白いものがあるでしょ。このあたりからこっちのほうへ続いているよ。これ何だかわかる？　ほらこれ、これ。わからない？　これが天《あま》の川《がわ》です！」

「うおー!!　初めて見た。これが天の川なんや」

「みなさん。よーく見てよ。ほら、織りひめさんはちゃんと天の川の岸辺にいるでしょ。でもね、彦星のほうは、少しだけ天の川の中に入ってるんだよ。織りひめさんは美人だから、彦星はデートが待ちきれなくて、もう天の川の中に入っちゃってるんです。こういうことをフライングといいます」

暗闇の中で、またまた笑い声がひびく。

▲野外での星空観察会「天プラ」

「さあ、もうひとつ。ここにも明るい星があるね。これが、はくちょう座《ざ》のデネブ。こと座のベガとわし座のアルタイル、そしてこのデネブをこうして、むすぶと大きな大きな三角形ができるでしょ。これが？　ほら、みんなも学校で習ったでしょう。夏の……」

聞いている人、全員が声をそろえて答える。

「だいさんかくー!!」

「大正解ー!!」

パチパチパチパチ……拍手《はくしゅ》がわきおこる。お客さんと心がひとつになれたようで、私もとてもうれしくなる。と、そのとき、

「きゃー！」

空を見上げていたお客さんたちがさけんだ。

「流れ星だ！　きれいだったー！」

流星だったようだ。

「みんな！　願いごといえた⁉」

「ムリ。ムリ。速くてダメ。ムリだよ」

「また流れるかもしれないからね。よく空を見ていてよ。今度は願いごとをいってよ」

すると、ひとりの幼稚園児《ようちえんじ》が私のところにきていった。

「だっこして。少しでも高いほうが、願いごとかなうと思うから」

暗闇なので顔は見えないが、私はその子をだきあげて天プラを続ける。

天文台の仕事

観望会《かんぼうかい》のほかにも、私たちにはたくさんの仕事がある。西《にし》はりま天文台は、想像していたよりずっとずっといそがしいところだった。大きくわけると三つになる。

まず、教育・普及《ふきゅう》活動。次に望遠鏡や観測機器などのメンテナンス。そして研究だ。

天文分野での教育・普及というのは、宇宙《うちゅう》や星、望遠鏡のことについて一般《いっぱん》の方に知ってもらうためのさまざまな活動のことだ。小・中・高校生、大学生、学校の教師むけの各種実習や講習会。一般の方からの質問への回答。西はりま天文台発行の月刊情報誌の執筆《しっぴつ》・編集《へんしゅう》などがある。

それから、いろいろなイベントの企画《きかく》、準備。講演にいったり、小さな望遠鏡を持参して観望会《かんぼうかい》をひらく、「星の出前」。天文台で開催《かいさい》する一般《いっぱん》むけ講演会の企画《きかく》、実施《じっし》。展示物の作成やメンテナンス。「西《にし》はりま天文台友の会」という星の好きな方々の集まりのイベントの企画や実施。お客様への貸出望遠鏡の使用説明。

また、天文関連の図書・視聴覚教材などの収集・保管。オリジナルカレンダー制作。天文工作キットの開発と工作指導。さまざまな分野の研究会や職員の研究発表会の実施。天文台の研究や活動の報告書の執筆《しっぴつ》・編集。雑誌や新聞、書籍への記事の執筆。新聞社の取材対応、テレビへの出演。西はりま天文台関係のニュース発信。ホームページ作成。そして、こういった活動を企画するための会議、会議、会議……。突然の電話での質問や予約なしで見学を依頼《いらい》されたりすると、仕事に集中できなくなったり、予定が立たなくなってこまる。それでも、私たちは宇宙のロマンや魅力《みりょく》を伝えることがいきがいだという人間ばかりだ。時間がたつのもわすれて仕事をしてしまう。

ときには、ふだんなかなか体験できないおもしろい仕事もある。クリスマスイブに天文台で結婚式をあげたカップルがいたのだ。これは特別の事例だったのだが、六十センチ望遠鏡のあるドームでの挙式《きょしき》！ 新郎新婦《しんろうしんぷ》が織りひめ星（こと座《ざ》ベガ）

を交互《こうご》に見た。星に愛をちかったわけだ。このときは、研究員が総出で式をおこなった。私は司会を担当した。研究員はそれぞれ別々の研究テーマを持っているし、仕事も分担しておこなっているので、天文台長は、

「研究員が全員で力をあわせてひとつのことを成功させた最初のケースだ」

といって場をもりあげた。

外国からの研修生の指導をしたこともあったし、日本が打ち上げた小惑星探査機《しょうわくせいたんさき》「はやぶさ」のナビゲート用の星の選定にも協力した。そうそう種子島宇宙《たねがしまうちゅう》センターの方にたのまれ種子島で天プラをしたこともあった。とにかく、西はりま天文台では毎日が楽しかった。

悲しい思い出の彗星《すいせい》

星がふりそそぐ西はりま天文台には、人々がたくさん集まった。

私が勤《つと》めてから半年ほどたった一九九六年春、百武《ひゃくたけ》彗星がやってきた。鹿児島《かごしま》県の百武裕司《ひゃくたけゆうじ》さんが発見した彗星だ。あのウエスト彗星よりはかがやきのうすい星だ

▲ヘール・ボップ彗星

ったが、西《にし》はりま天文台から見たときには、尾の長さが空全体の三分の一にものびていて、びっくりした。ちょうど星の明るさを測定《そくてい》することに関する研究会が西はりま天文台でひらかれていて、参加者とあおぎ見た。

その一年後、もうひとつ大きな彗星《すいせい》が出現した。ヘール・ボップ彗星だ。この彗星が見えはじめた頃、父親が病気でたおれてしまった。浅間山《あさまやま》の上にウエスト彗星が出ていたときに望遠鏡を買ってくれた父親。故郷信州《こきょうしんしゅう》の病院にかけつけたときには父親はもう意識がなかった。病院の窓《まど》から浅間山を見ると、こんどはその上にヘール・ボップ彗星が見えた。何日かして父は帰らぬ人となった。

葬儀《そうぎ》を終えて西はりま天文台にもどると、ヘール・ボップ彗星観望会《かんぼうかい》が一週間続いた。参加者は平日でも二百人あまり、日曜日には一二〇〇人をこえた。百武《ひゃくたけ》彗星よりはずっと短い尾だったが、チリが多くふくまれていたために、肉眼《にくがん》でもはっきりと見える。六十センチ望遠鏡で中心部をのぞくと、いくつかの弧《こ》をえがいているように見えた。これは私には悲しい思い出の彗星だが、一般《いっぱん》の人が彗星を見てよろこんでいると、私も父を失った悲しみがしだいにいえていった。

明るい流星？

一九九九年九月二十六日。その日の夜は、私がひとりで観望会の当番にあたっていた。ドームのスリット（窓《まど》）は東、つまり神戸《こうべ》の方向があいていた。その方向に六十センチ望遠鏡をむけ、参加者に月を見てもらっていた。午後八時二十分頃のことだ。私は月をのぞきこんでいるお客さんのほうを見ていたのだが、突然《とつぜん》、空を見ながら順番を待っていた女子大生四人が「キャー！」と大きな声をあげたのだ。聞くと、流星を見たという。四人は神戸《こうべ》からきていたので、都会の人は、流星ひとつであんなに感動するものか、と思っていた。

しかし、観望会《かんぼうかい》が終わると、テレビ局から電話がかかってきた。

「火球《かきゅう》（とても明るい流星）の目撃《もくげき》情報があるのですが、何か情報ありませんか?」

そうか……さっき女子大生がさわいでいたのは火球だったのか。火球が流れると、新聞社やテレビ局から電話がかかってくることはよくあるので、そのときも冷静に対応した。

「それなら、こちらで目撃していた人がいましたよ」

その後も、テレビ局からの電話が続いた。ずいぶん明るい火球だったのだなあと、私はまだのんきにしていた。そして何件目かで、ある新聞社から電話がかかってきたとき、私はそれまでと同じような受け答えをしたあとで、彼女がぽつりといったのを聞いたのだ。

「落ちたようなのですが……」

私はこの新聞社の名前と記者の名前を今も記憶《きおく》している。このひとことで私はことの重大《じゅうだい》さにやっと気がついたのだ。

「ええ!? 落ちた? 落ちたって……それ隕石《いんせき》じゃないですか!」

聞くと神戸市の民家に石が落下したというのだ。時刻は女子大生が火球を目撃していたときと一致《いっち》している。隕石にまちがいない。その家の方は、てっきりだれかが家に石を投げこんだ、つまり犯罪だと思って警察《けいさつ》に通報したらしい。さいわい、けが人はいないようだ。そして、その石は警察署で保管されているとのこと。私はすぐに女子大生が宿泊《しゅくはく》している部屋に電話をした。そして彼女たちが目撃した火球のことをくわしく聞いた。それは月より明るく、緑色にかがやく火球だったというのだ。これを見られなかったのは、私の天文人生の中でも残念なできごとのひとつだ。

西《にし》はりま天文台で落ちていく隕石を目撃した人がいた、ということはたちまちマスコミに広がり、天文台の電話は、夜の二時まで鳴り続けた。日本の陸地に隕石が落下することはまれなこと、しかも日本で建物に落ちた例は数えるほどしかないこと、落下してゆく隕石の目撃例も数少ないことなどを説明した。

翌日《よくじつ》になると今度は、テレビや新聞で隕石落下を知った人たちからの電話が殺到《さっとう》した。「私も火球を見た」という目撃情報だった。飛行機のパイロットからも飛行中にその火球を見た、という電話がかかってきた。記者の取材に女子大生たちは火球のスケッチをして説明していた。私もコメントを求められたのだが、殺到《さっとう》する電話にインタビューがしばしば中断となった。

愛媛《えひめ》では、偶然《ぐうぜん》、火球《かきゅう》を撮影《さつえい》していた写真愛好家がいた。この写真や西《にし》はりま天文台によせられた火球目撃《もくげき》情報などから、隕石《いんせき》は岡山《おかやま》県北部の上空で大気圏《たいきけん》に突入、西はりま天文台のまさに真上を通過して、神戸《こうべ》に落下したことがわかった。

この隕石騒動《そうどう》からしばらくは、空に何かを目撃した人からの電話が続いた。新聞に私のコメントがのったので、私がてっきり隕石の専門家だとかんちがいし、いろいろな石を持ってきて鑑定《かんてい》をたのみにくる人も何人かいた。

「神戸隕石」はその後、専門家が分析《ぶんせき》して、炭素（生命のもとになる）をふくむタイプとしては日本に最初に落下しためずらしいものであることがわかった。

一九九八年しし座流星群《ざりゅうせいぐん》

天文ショーで忘れられないのは、なんといってもしし座流星群だ。一九九八年十一月十七日に大出現がおこると期待された。流星のピークは、翌日《よくじつ》十八日の明け方の予想。このときも観望会《かんぼうかい》を予定したのだが、平日の早朝だったので、それほど参加者はいないと私たちは考え、観望会参加にはいっさいの制限をつけなかった。

ところが、大さわぎになる予兆《よちょう》はすでに三日前からあったのだ。流星や観望会に関する問いあわせの電話が鳴りやまない。そしてとうとう十七日となった。午後三時にはもう参加者が集まり、寝袋に入って花見のように場所とりをはじめたのだ。ふだん事務などをしている公園の男性職員たちは駐車場《ちゅうしゃじょう》で交通整理。このときはまさか朝まで交通整理をするとはだれも思っていなかった。

すぐに駐車場がいっぱいになったので、今度は公園の運動場を駐車場にした。夜八時には、すでに参加者が五百人をこえていた。用意していた簡易《かんい》トイレが故障《こしょう》したり、けがをした人の手当て、落とし物の応対などで大いそがしだった。問いあわせの電話も殺到状態。キラキラランドから一キロ下ったところに町立の音楽堂があるのだが、ついにはそこの駐車場まで満車となってしまった。

そして、時計は午後十一時。「どうしたらいい？」研究員が集まったが、鳴りやまない電話で相談もなかなかできない。そうしているあいだも次から次へと大撫山《おおなでさん》を車がのぼり、山道は交通渋滞《こうつうじゅうたい》。私たちはとうとう警察《けいさつ》に出動をお願いした。

日付が十八日となると、ついに私たち研究員にも交通整理命令が出された。もう流れ星どころではない。私は森本《もりもと》園長と、もうひとりの同僚《どうりょう》研究員とともに大撫山《おおなでさん》の登り口へとむかった。そこへいってびっくり。車がおよそ一キロにわたって大渋《だいじゅう》滞《たい》していたのだ。真夜中に、都会でもなかなかこんなラッシュにはならないだろう。高速道路の佐用《さよう》インターを出るだけで一時間も待たされたようだ。

「ごめんなさい。駐車場《ちゅうしゃじょう》が満車なのでのぼれません」

森本園長は、一台一台の車に声をかけていた。この頃天文台に取材にきていた新聞社の記者は、世界的な天文学者である森本園長のコメントがほしいとさがしていたそうだが、当の本人はふもとで交通整理中だった。いっぽうで同僚は、せっかくきてくれた人がそのまま帰ってしまうのは心苦しいと、なんとパトカーのマイクを使って「天プラ」をはじめたのだ。渋滞の車に乗っていた人たちは窓《まど》から空をながめた。こんな状況でもなんとか星のことを知ってもらいたいという、彼《かれ》の姿を見て、私も心が熱くなった。

私も赤く点灯する棒状《ぼうじょう》のライトをふって交通整理をした。そして、これが朝まで続いたのだ。ときどき小雪もちらつくとても寒い夜だった。ふもとに車をとめて約四キロの山道を歩いてのぼった人もたくさんいた。後から聞いた話では、真夜中、地元の民家の人をおこして、天文台への裏道がないか聞いた人までいたそうだ。

この頃山頂《さんちょう》では、数えきれない人が天文台周辺の芝生《しばふ》に寝《ね》ころんで流星を観察していた。流星が飛ぶとひとりひとりが「うわー」というわけだが、あまりにも大勢の方が「うわー」というので、この「うわー」が「**うわあー!!**」に増幅《ぞうふく》されて、山のふもとにまで聞こえたそうだ。

すっかり夜があけて、どう考えても流星は見えないほど空が明るくなったが、それでもまだ車がやってきた。警察《けいさつ》によるとこの夜「佐用《さよう》町の人口が二倍になった」そうだ。一万人ちかい人が天文台をめざしたことになる。

この夜は、流星が「嵐《あらし》」のように流れるといわれていたが、結局その予想ははずれてしまった。一晩中《ひとばんじゅう》観察していた人に聞いてみたが、一時間あたりせいぜい百個くらいしか流れなかったそうだ。これでは毎年おきているペルセウス座流星群《ざりゅうせいぐん》とあまりかわらない。私たち研究員はといえばヘッドライトの嵐を見ていただけで、流星は数えるほどしか見ることができなかった。

翌日《よくじつ》私の右うでは交通整理のおかげで筋肉痛《きんにくつう》になっていた。

しし座流星群《ざりゅうせいぐん》ふたたび

この大騒動《おおそうどう》の後にイギリスの科学者が新しい考えかたで、しし座流星群の出現を予測《よそく》した。それによると、二〇〇一年十一月十八日の夜に大出現がおきるという。しかも日本をふくむ東アジアが好条件《こうじょうけん》というのだ。三年前のことを教訓《きょうくん》に、私たちは駐車場《ちゅうしゃじょう》を事前予約制にして観望会《かんぼうかい》を企画《きかく》した。

今度は交通パニックになることもなく、約千人の参加者と天文台前の芝生《しばふ》に寝《ね》ころんで、そのときがくるのを待った。

日付が十九日に変わる頃から、流星がふえはじめた。次から次へとどんどん流れてくる。ピークが予想されていた未明《みめい》になると、信じられないほどの流れ星となった。空が流れ星でいっぱいだった。銀色、オレンジ色、紫《むらさき》。星のしずくが空からこぼれ落ちてくる。まるで打ち上げ花火のように、星が放射状《ほうしゃじょう》に流れた瞬間《しゅんかん》もあった。夢《ゆめ》のよう、とはまさにこういうことをいうのだろう。私のとなりにいた参加者は、あまりにも多くの流れ星がふってくるので、感動をこえて、ゲラゲラ、ゲラゲラとずっと笑い続けていた。

▶しし座流星群（戸次寿一氏提供）

◀しし座流星群の「痕《こん》」
（戸次寿一氏提供）

明るい流星が飛ぶと、その周囲に雲のようなものが出現することがあるが、これを「痕《こん》」という。ふつう痕が出るのは、一瞬《いっしゅん》のことだ。ところが、とても明るい流星が出現すると、空に数十秒から数分も痕が残ることがある。これを「永続痕《えいぞくこん》」という。数分も残るものになると天文ファンでも一生に一度見られるかどうかのめずらしい現象だ。私もそのような痕はそれまで見たことはなかった。ところがこの夜、私たちは三十分以上も続く永続痕を目撃《もくげき》したのだ。

その晩《ばん》、私はマイクで参加者に解説しながら流星を見ていたのだが、永続痕が出たときは「コーン！　コーン！」と興奮《こうふん》してただただけぶばかりだった。後になって、新聞社の記者に「コーン！　コーンってなんですか？」と聞かれてしまった。「コーン」という専門用語があると思われてしまったのだ。ところが、それで終わりではなかった。

その夜は永続痕がいくつもいくつも出現し、同時にふたつの永続痕が空に出ていたときもあった。それが上空の風に流されてゆき、ふたつの永続痕が交差したのだ。永続痕をひとつ見ただけでも貴重《きちょう》な経験なのに、ふたつが空で交差している光景をこの目で見てしまったのだ。この感動を表す言葉は見つからない。ただただ「コーン！　コーン！」なわけなのだ。

いったいぜんたいこの夜はいくつの流星が出現したのだろうか。熱心に観測《かんそく》していた人によると、ピークの頃には一時間あたり約二万個は流れたのではないかということだ。あまりにも流星が飛んだので、それが頭に残像として残り、翌日《よくじつ》は仕事にならなかった人もいたそうだ。このような流星の嵐《あらし》は、日本ではおそらく私たちが生きている限り、もうないと思う。

この日の観望会《かんぼうかい》は「流れ星に世界の平和を願おう」というテーマでおこなった。森本《もりもと》園長は大きな流星が流れるたびに「平和！　平和！　平和！」と大声でさけんでいた。二十一世紀最初の年だった。私たちの願いは天にとどいただろうか。

研究が一番の教育！

これまでのことは、教育・普及《ふきゅう》活動で私たちが大切にしていることだ。しかし、研究も大切な仕事だ。

「いきいきとした教育・普及活動は、研究の実践《じっせん》から」

これは西《にし》はりま天文台のモットーだ。

現在西《にし》はりま天文台に勤《つと》めているスタッフの研究テーマは、太陽の活動、彗星《すいせい》、脈動変光星《みゃくどうへんこうせい》（大きさや形が変わって明るさが変化する星）、スーパーノバ（重い星が爆発《ばくはつ》して死ぬ現象）、銀河から出てくるX線、地球の空気のゆれで星がよく見えなくなることを改善《かいぜん》する研究など、多岐《たき》にわたる。望遠鏡や観測装置《かんそくそうち》の担当者もいる。

私自身はずっと近接連星系《きんせつれんせいけい》の研究を続けてきた。六十センチ望遠鏡に測光器《そっこうき》（フォトマルという機器を使って星の明るさを精密《せいみつ》に測定する装置）をとりつけての観測だ。観測してデータをとる天文学は、とにかく天気しだい。今まで快晴だったのに、一番大切な時間になってくもってしまうこともある。その反対に、機械も望遠鏡もすべて終了させて家に帰ろうとすると、突然《とつぜん》晴れたこともある。

「天気に左右されなければ、私は一流の天文学者になれたかもしれないなあ」と思うこともあった。世界中の観測天文学者が同じことを考えているのかもしれない。

私はずっとカシオペヤ座《ざ》RZ星の研究をしていた。明るさの変化にかんすることで、おこるはずのないことが観測される不思議な連星系。この謎《なぞ》の解明に挑戦していたのだが、結局《けっきょく》謎はとけないまま大学院での研究を終えたのだった。

そんなこともあり、西はりま天文台に勤めはじめた頃に、カシオペヤ座RZ星の明るさを集中的に測定するキャンペーンを企画《きかく》した。そしてついに、アマチュア観測家や、他の天文台と協力して集めたデータの解析《かいせき》から、この連星系の謎が解明された。

ふたつある星のうち、ひとつの星が「脈動変光星」だったのだ。脈動変光星としての影響《えいきょう》が連星系としての明るさの変化にかさなって、あたかも理論的にはおこりそうもないようなパズルになっていたのだ。答えがわかってしまえば、まさにコロンブスのたまごだった。データ解析を担当した人、観測キャンペーンに参加した人とともに、アメリカの天文学の専門誌《せんもんし》に論文を出した。この成果《せいか》は、外国の連星研究者の間でも注目された。学生のときにはなしえなかったことだったが、西はりま天文台にきたからこそあがった成果だった。

実はこの星の研究、まだ終わったわけではない。その後、また新たな謎が出てきたのだ。私の研究はさらに続くことになった。研究は続行し、今度は、同じくこの星のことを研究していたハンガリーのバヤ天文台と共同観測をすることになった。

バヤ天文台のティボル・ヘゲデューシュ博士が、はるばるハンガリーから西はりま天文台にやってきて、話し合いをした。姫路城《ひめじじょう》の庭園に立ち寄った博士はニシキゴイ一ぴきの値段が測光器《そっこうき》の値段と同じだと知ってびっくりしていた。

それからというもの、私はいろいろな教育・普及《ふきゅう》活動にたずさわりながら、今でもカシオペヤ座《ざ》RZ星の研究を続けている。この星に出会ってから、かれこれ二十年になる。

この間、研究が進まないとあせることもあった。インドの天文学者がカシオペヤ座RZ星の論文を出したことがあり、そのときはコピーをとって、自宅でその論文を読んでいた。彼らの論文には、私たちの考えとちがっている部分があり、私は、自らの考えが正しいと確信していた。読んでいくうちに、論文を出すのがおくれたことがくやしくてたまらなくなり、近くにあったカチカチと音をたてる目覚まし時計を放り投げたこともあった。

「いきいきとした教育・普及活動は、研究の実践《じっせん》から」という言葉は、まさにそのとおりだと思っている。それどころか私は、西《にし》はりま天文台にきて、「研究こそ一番の教育・普及である」とさえ思うようになった。

望遠鏡を前に、天文台にきたお客さんに宇宙《うちゅう》の話をするとき、いくら話がうまくても、最新のニュースが他の天文台の成果《せいか》だったらどうだろうか？　お客さんに見せる写真が、これまた他の天文台の望遠鏡で撮《と》ったものだったら？　話を聞く側からすれば、天文台の人間からその天文台で観測したデータにもとづいた話を聞くほうが、臨場感《りんじょうかん》があり、感動もますと思うのだ。そんなとき、きちんとした研究がなければ、そもそも伝えるべきニュースも生まれない。

西はりま天文台では六十センチ望遠鏡が活躍《かつやく》していたが、私が西はりま天文台に勤《つと》める少し前に、実は大型の望遠鏡建設計画があったことを知った。そして、その望遠鏡も一般《いっぱん》の人が利用することのできる公開用になる予定だった。しかし、阪《はん》神《しん》・淡路大震災《あわじだいしんさい》がおこり、その計画は消えてしまう。被災地《ひさいち》の復興《ふっこう》が第一の課題であった当時では、当然の判断だ。しかし、考えていくうちに、大型望遠鏡計画がなくなってしまったことが、だんだんと残念に思えてきた。大型望遠鏡があれば自分たちの研究もさらに進み、その成果を広く一般の方に伝えることもできる。一般の人に宇宙のすばらしさを伝えることを一番の目的とする西はりま天文台だからこそ、観測設備も最先端《さいせんたん》のものでなければ意味がないのだ。大型望遠鏡計画がなんとしても復活してほしい……。私はしだいに同僚《どうりょう》とそう語りあうようになっていった。

column

コラム 彗星《すいせい》と流星

太陽系には八つの惑星《わくせい》のほかにも、小さな天体が無数に存在する。海王星《かいおうせい》の外側には、氷のかたまりのような天体があり、トランス・ネプチュニアン天体という。（そのうちでかなり大きなものが二〇〇六年に惑星から除外された冥王星《めいおうせい》である）。太陽系のさらに遠方にも、このような氷状の天体が存在していると考えられている。それらは太陽系をつつみこむように球状に分布しているようだ。これをオールト雲と呼ぶ。

トランス・ネプチュニアン天体やオールト雲の天体は、太陽系の内側にやってくるような軌道《きどう》をもつものがある。それらは太陽に接近すると氷の部分がとけてガスとなる。いっぽう、太陽からは太陽風という電気を帯びた粒子《りゅうし》がつねに吹《ふ》いている。この太陽風によりガスがたなびき、尾となる天体、これが彗星（ほうき星）である。雪だるまがこいのぼりに変身するのだ。

さて、彗星が太陽に接近してとけると、内部からチリが飛び出してくる。このチリがやがて地球に突入すると、地球の大気とのまさつで高温になり瞬間的に発光する。これが流星である。彗星はゴミをまきちらして去っていくほうきなのだ。このチリの流れに地球が年に一度通過すると、大量の流星が出現することになる。これが流星群である。とくにチリが密集《みっしゅう》している部分に地球が突入すると、そのときは流星嵐《りゅうせいあらし》と呼ばれる大出現となる。二〇〇一年のしし座流星群はまさにそれだった。

第五章

巨大望遠鏡プロジェクト始動！

ゴーサイン

海岸に行って海をながめると、それ以上むこうは見えない線がある。そう、水平線だ。しかし、水平線で海が終わっているかというとそうではなく、そのまたむこうに海が広がっている。宇宙《うちゅう》もこれに似ている。宇宙にもそれ以上見ることができない限界があって、どんなに人間の技術が進歩してもそこから先は見えない。この限界を「宇宙の水平線」と呼ぶことにしよう。そこは宇宙のはてではなくて、そのむこうにも宇宙は広がっている。地球から宇宙の水平線までの距離《きょり》は百三十八億光年といわれている。この世の中でもっともスピードが速いものは光。一秒間に約三十万キロメートル飛んでいく。もし地球のまわりを光がまわったとしたら、一秒間に七周半もまわることができる。この光が一年間に進む距離が一光年だ。一光年はおよそ十兆キロメートルになる。では百三十八億光年は何キロメートルになるだろうか？

六十センチ望遠鏡では五十億光年までの天体を撮影《さつえい》することができる。でも、私たちはそれではものたりなかった。観望会《かんぼうかい》にきてくれる方にもっと遠くの星を、もっと明るく、もっとはっきり見てほしい。そして本当の宇宙を知ってほしい。私たちの研究でも世界的な成果《せいか》を出して、多くの人に伝えたい……。私たちの思いはどんどん高まっていった。計算すると、鏡の直径が二メートルならば、宇宙の水平線以内の天体をカバーすることができる。

鏡の直径が大きくなれば、光が多く集まり、それだけ星が明るく見える。また惑《わく》星《せい》の模様《もよう》などもこまかい部分まで見えてくる。二メートルの望遠鏡がほしい！　それが完成すれば、日本国内にあるものとしては一番大きな望遠鏡となる。公開用としては世界最大の望遠鏡だ。世界一の公開望遠鏡をつくりたい……それは、天文台スタッフみんなの願いになっていった。

阪神《はんしん》・淡路大震災《あわじだいしんさい》で一度は消えてしまった大型望遠鏡計画だったが、被災地《ひさいち》だった神戸はどんどん復興《ふっこう》していった。もう一度がんばろう……天文台長は関係者のところになんどもなんどもでむいていき、二メートル望遠鏡建設の予算を認めてほしいとお願いをした。私たちもいろいろなアピールをした。

月のない晴れた夜、光害《こうがい》の影響《えいきょう》を受けない真っ暗な場所で空を見ると、数多《あまた》の星々が天をかざる。真夜中の○時。真南の空の一部をよく見ると、ぼうっと光っているものが見える。（そういう私も、実は自分の目では、まだ一度も見たことはないのだが）この光を対日照《たいにちしょう》という。太陽系の中にはこまかいチリがただよっている。そこに太陽の光があたってかがやいているものを、ある角度から見ているのが対日照だ。対日照が撮影《さつえい》できたら、そこは人工の光にじゃまされることのない真っ暗な場所、つまり天体観測《てんたいかんそく》には好条件の場所であることを証明したことになる。

神戸《こうべ》大学の研究チームが大撫山《おおなでさん》にきて、この対日照の撮影に成功した。対日照の写真は新聞各紙に掲載された。

▲撮影された対日照（神戸大学撮影）

神戸大学の専門家の話では、今まで研究目的で対日照が撮影された場所は、ハワイのマウナ・ケア山頂《さんちょう》と長野《ながの》県木曽《きそ》、同じく長野県の乗鞍《のりくら》だけだそうだ。マウナ・ケアは世界最大のケック望遠鏡や日本の国立天文台が建設した八メートル望遠鏡

「すばる」など、世界最大級の望遠鏡がたくさん建設されている場所だ。木曽や乗鞍にも天文台があるが、これらの場所はすべて標高《ひょうこう》千メートル以上。つまり標高四四六メートルの大撫山での対日照の撮影は（研究目的としては）、標高千メートル以下の場所で世界初ということになる。これは大撫山が、一般《いっぱん》の人がきやすい場所であるとともに天体観測にうってつけの場所である、ということにもなる。

研究を目的とした観測をするためには、ただ夜空が暗いだけではだめだ。星を観察していると星がまたたくことがある。特に冬の場合は、またたくことが多い。またた（季節にかかわらず）、高度の低い星もまたたく。英語の歌にあるように「ティンクル、ティンクル」と、星がウィンクしているようになる。ところが、観測にはこのまたたきが大敵《たいてき》なのだ。星のまたたきは高い空で強い風が吹《ふ》いている場合などにおきる。たとえば、星があまりまたたかないで、じっとこちらを見つめているような夜に、望遠鏡で土星を見ると、リングの細部がわかる。木星を見れば、しま模様《もよう》や大赤斑《だいせきはん》と呼ばれる巨大《きょだい》なうずまきを見ることもできる。ところが、星のまたたきがはげしい夜に土星を見ると、リングの存在《そんざい》しかわからない。木星のしま模様も大赤斑も見えなくなってしまう。つまり星のまたたきがはげしいと、こまかい部分が見えなくなってしまうのだ。西《にし》はりま天文台には、このまたたきの影響《えいきょう》をどうしたら小さくできるかを研究している同僚《どうりょう》がいる。彼《かれ》の観測《かんそく》から、大撫山《おおなでさん》はそもそも星のまたたきが少ない場所であることがわかった。日本でも屈指《くっし》の場所だろうということだ。

対日照《たいにちしょう》が見えるほどの暗い夜空。そして星のまたたきが少ない場所。これらを考えあわせると、大撫山は日本国内では天体観測をおこなうための必要な条件がそろっているところということになる。日本一の望遠鏡をつくる場所としては、ベストポイントなのだ。この点も強調して担当の同僚らは、関係する方々に二メートル望遠鏡の実現をお願いした。観望会に参加して感動して帰ったお客さんが、あとから私に送ってくれたお礼の手紙も読んでもらったそうだ。私たちもいろいろなイベントのことや、研究成果などを、どんどんマスコミに取り上げてもらって、西はりま天文台のことをアピールした。そして、市民とともに歩んでいる天文台であることを知ってもらった。

そして、二〇〇〇年。ついに二メートル望遠鏡にゴーサインが出されたのだ。私が西はりまに勤務《きんむ》してから五年目の夏のことだった。

火星大接近の年に

念願の二メートル望遠鏡計画がスタートすると、数人の研究員が二メートル望遠鏡と、それにとりつける観測装置の担当となり、大いそがしの日々となった。どのような望遠鏡をつくったらいいのか。どこのメーカーに製作をたのむのがいいのか。大型望遠鏡の特徴《とくちょう》を最大限いかすには建物をどのような構造にしたらいいのか。第一線で活躍《かつやく》している観測天文学者の意見も取りいれ、たくさんの難問をひとつひとつ解決していった。

天体望遠鏡にはふたつの種類がある。屈折《くっせつ》望遠鏡と反射《はんしゃ》望遠鏡だ。屈折望遠鏡は、星の光を「レンズ」でまげて（屈折させて）集める。いっぽう、「鏡」を使って光をはねかえして（反射させて）集めるのが反射望遠鏡だ。

西はりま天文台の望遠鏡は、もとからある六十センチ望遠鏡も、計画された二メートル望遠鏡も反射望遠鏡だ。世界最大の屈折望遠鏡は一・〇五メートルで、それ以上大きな望遠鏡はレンズのコストなどの問題もあって、みな反射式になる。海外には鏡の直径が八メートルをこえる反射望遠鏡が何台もあるが、一枚の鏡でできている望遠鏡としては、これが世界一のレベルになる。

メーカーが決まると、メーカーとのうちあわせの日々。あまりにもハードな仕事だったので二メートル望遠鏡計画のリーダー研究員は体調を悪くしないか、みんなが心配するほどだった。それでも私たちは休むことなく、二メートル望遠鏡実現のために力をそそいだ。二メートル望遠鏡担当となった研究員の分、私と何人かの同僚《どうりょう》の通常業務はさらにふえた。これもよい望遠鏡ができるためだ、と思って私たちもがんばったのだ。

二〇〇三年一月、パワーショベルが敷地内《しきちない》に入り、公園の一画を掘りはじめた。六十センチ望遠鏡がある天文台の南側斜面《しゃめん》だ。いよいよ新しい天文台の工事がはじまったのだ。それを見ていた二メートル望遠鏡計画のリーダー研究員は、

「本気なんだよなあ。本当につくるんだよなあ、オレたち」

と、自分にいい聞かせるようにつぶやいていた。

いったん工事がはじまると、作業は順調に進み、建物の構造がどんどん見えてきた。八月になると新天文台の骨格《こっかく》が完成した。ちょうどこの頃、忘れられない天文

▲▼建設中の新・西はりま天文台（現・天文台南館）

ショーがおきた。火星大接近だ。

六十センチ望遠鏡で見ると、大きな火星が見える。しかも表面の模様《もよう》がくっきりわかる。これまでに見たこともないためいきが出た。テレビ報道の影響《えいきょう》もあって、この頃は、たくさんのお客さんが火星を見に天文台へきた。日曜日などは、雷雨《らいう》でどう考えても星が見えそうもないような天候でも、二百人もの人が天文台にきた。最も地球に接近したのは八月二十七日、この日火星はなんと六万年ぶりの大接近だったのだ。

この時期は真夜中になると、異様《いよう》なほど赤くかがやく火星が、まだ工事用の足場にかこまれた新天文台の真上にのぼった。くるのがもう一年遅れていれば、もっとすごい火星をみんなに見せられたのに……。

二メートル望遠鏡の完成が待ちきれない思いと、火星をそれで見ることができなかった残念な思いが交錯《こうさく》した。

秋になると建物ができあがってきた。ある日の夕方、天気の確認のために外に出ていたときだ。キュイーン、キュイーンという音が新天文台のほうから聞こえてきた。そちらを見るとびっくり。エンクロージャー（観測室《かんそくしつ》の屋根）が回転をはじめたのだ。エンクロージャー・ファースト・ローテーション（初回転）。これはひとりで見るのはもったいない。今までの天文台に走って引き返し、そのとき、たまたまいた事務の女性職員をつれ出した。

「おお！　まわってる、まわってる。私たちが最初に見たのね」

彼女《かのじょ》も感激《かんげき》だ。建物を背景《はいけい》に、おたがいに記念撮影《きねんさつえい》をした。

そんなことがあったある日の夕方だった。二メートル望遠鏡のリーダー研究員が、

「ねぇ、なるちゃん、なるちゃん。新天文台を案内してあげるよ」

と、誘ってくれたのだ。西《にし》はりま天文台の職員といえども、まだ新天文台には自由に入れるわけではなかった。彼《かれ》は建設会社の責任者の許可をえたあと、部屋をひとつひとつ私に案内して、ここはこういうくふうがあるんだと説明してくれた。

そして、いよいよ二メートル望遠鏡が入る観測室。そこはまだがらんとして殺風《さっぷう》景《けい》だった。エンクロージャーの上には、作業用のオレンジ色のクレーンがついていた。とうとうここまできたんだなあ……。クレーンを見つめながら、今まであったいろいろなことが脳裏《のうり》をよぎった。これまでに苦労もたくさんしてきたこのリーダー研究員。それを知っている私は、つい涙《なみだ》をこぼしてしまった。てれくさかったの

だが、彼《かれ》に小声でいった。

「ごくろうさま。たいへんだったね。ここまできたね」

私の流す涙《なみだ》を見て、人前では泣くことのないリーダー研究員の目からも涙があふれてきた。ヘルメット姿の大の大人ふたりがしばらくだまって涙をふいていた。

十一月、ついに新天文台の建物が完成した。十二月三日からいよいよ二メートル望遠鏡の組み立て開始だ。実は二メートル望遠鏡は兵庫《ひょうご》県尼崎《あまがさき》市にある工場内で一度組み立てられていた。そこできちんと動作するか確認されたあと、また分解されて大撫山《おおなでさん》にはこばれてきたのだ。西はりま天文台で組み立てたときに、いろいろなトラブルがおこらないようにしたわけだ。

そしていよいよ本番。新天文台のすぐそばまできた大型クレーンが大きな部品をひとつひとつつり上げて、ひらいたスリットから観測室にいれていく。これがなんどもくりかえされ、二メートル望遠鏡はどんどん組み上がっていった。年末には、ほとんど望遠鏡の姿になっていた。まだ肝心《かんじん》な鏡はついていなかったのだが、その大きさに感動した。これが日本国内最大の望遠鏡なのだ。これで研究できるんだ。そして、これで一般《いっぱん》の人と新しい感動を味わうことができるんだ。

新しい天文台が完成した二〇〇三年が暮れ、二メートル望遠鏡オープンが予定されている新しい年が明けようとしていた。

鏡がきた

二〇〇四年二月八日。関西国際空港《かんさいこくさいくうこう》。遠い空から一機のジャンボジェットが姿を現した。尾翼《びよく》にかかれた青と赤のストライプからフランスの航空会社だとわかる。そう、これはパリからの貨物機。午後三時、飛行機はキーンという高い音とともに低空飛行となり、まもなくそのタイヤから土けむりがまいあがった。二メートル望遠鏡の鏡が日本にとどいた瞬間《しゅんかん》だ。

望遠鏡で一番大切な部分は鏡。鏡は望遠鏡の命だといえる。一番大きな鏡を主鏡といい、望遠鏡の名前はこの主鏡の直径で名前がつく。望遠鏡のタイプで枚数はちがうが、そのほかにいくつかの鏡が必要となる。この望遠鏡の鏡、家にある鏡と基本的に構造は同じだ。ガラスにとてもうすいアルミニウムのまくがはってある。このアルミニウムが光を反射《はんしゃ》するわけだ。鏡が大きければ大きいほど星からの光をた

▲完成した新天文台（左）と旧天文台（右）

くさん集めることができるので、性能のよい望遠鏡となる。ただし、家庭用の鏡は平らだが、望遠鏡の鏡は、衛星放送の電波を受信するパラボラアンテナのような形になっている。星からきた光を一点に集めて、像をむすぶようにするためだ。

また、鏡の表面はツルツルにみがかれている必要がある。西《にし》はりま天文台用の二メートルの鏡を兵庫《ひょうご》県の大きさに拡大《かくだい》したとしよう。いったいどのくらいのデコボコまでゆるされるだろうか……。答えは二ミリ！ これより凹凸《おうとつ》がある鏡は使えない。それくらい望遠鏡の鏡は繊細《せんさい》なものなのだ。

私たちの新しい望遠鏡をつくっているメーカーは、鏡の製作をフランスに依頼《いらい》した。正確にいうと、ドイツの会社でつくったガラスを、フランスの会社でパラボラ型に加工して、ツルツルにみがき、スペインの施設《しせつ》でアルミニウムのメッキをした。そして、ふたたびフランスの会社にもどり、最終チェックのあとで日本にくる、という道をたどってきたのだ。

貨物機が着陸したその日の深夜、私と若手の同僚《どうりょう》のふたりは関西国際空港《かんさいこくさいくうこう》で待機していた。これから鏡が大撫山《おおなでさん》にむかって運ぱんされるその全行程を記録するためだ。私たちにとっては一生に一度のこと、同僚はビデオカメラを持参していた。

かなり長い時間待って、ようやく黄色い回転灯を点灯させた大型トレーラーが見えてきた。前後をやはり黄色の回転灯をつけている車両に警護《けいご》されている。もちろん鏡は大きな箱の中に入っていて見えないのだが、同僚はその様子《ようす》をビデオカメラにおさめながら、

「これです！　この中に二メートル望遠鏡の鏡が入っているのです！」

と、興奮《こうふん》ぎみに実況《じっきょう》をしていた。トレーラーは、きれいな照明に照らされた長い連絡橋をわたっていく。私たちの胸《むね》が熱くなった。その夜、鏡は大阪市内《おおさか》まではこばれた。

翌日《よくじつ》もまた深夜の運ぱんとなった。私たちにとっての「歴史」を記録する日。真夜中にもかかわらずこの日は、他の同僚や西はりま天文台友の会の会員も参加した。そして、ちょうど十日の午前〇時、トレーラーは大阪府から兵庫県《ひょうご》に入った。鏡は被災地《ひさいち》だった神戸《こうべ》を走りぬけ、二時に明石大橋《あかしおおはし》のそばを通過。三時には播磨科学《はりまかがく》学園都市《がくえんとし》をすぎた。私と同僚は、ひと足先に佐用《さよう》町ととなり町との境界《きょうかい》へ行き、ここで鏡を待ちかまえた。鏡が佐用町に入る瞬間《しゅんかん》をこの目で見ようと思ったのだ。この日の夜はとてつもなく冷えこんだ。寒くてほおがけいれんをおこしたが、ふたり

◀深夜、トレーラーに載せられ、明石市内を通過する二メートル望遠鏡の主鏡（井垣潤也氏提供）

▲西はりま天文台に到着した主鏡（戸田博之氏提供）

でたえた。

やがて、三つの回転灯が見えてきた。そして、大型トレーラーはあっというまにわが町、佐用《さよう》に入ってきた。星のかがやく、午前四時のことだった。

夜が明けた。天気は快晴。空には雲ひとつない。大撫山《おおなでさん》の山道をのぼるために、大型トレーラーからトラックの荷台《にだい》に、鏡の入った箱がつみかえられた。建設会社の敷地内《しきちない》で大きなクレーンを使って、ゆっくりゆっくり慎重《しんちょう》な作業がおこなわれていく。午前十時、トラックが大撫山をのぼっていった。クレーン車や何台もの関係車両をしたがえて、「日本一の鏡のお通りだい！」荷台からは、まるでそんな声が聞こえてきそうだ。

そして、鏡はとうとう山頂《さんちょう》に到着した。職員や友の会の会員はフランス国旗《こっき》をふってでむかえた。みんなこの日を待っていたのだ。

午前十一時、クレーンで主鏡が入った箱のふたがもちあげられていった。私は新天文台の二階から見おろしていた。チラッ。鏡の一部が見えた。運ぱんの途中でヒビが入っていないだろうか？　みんな同じ心配をしていた。ふたが全部あくと、大きな鏡がその姿を現した。

「おおー！」

安心と感動のいりまじった声がした。鏡はピカピカ。どこにもヒビなど入っておらず、その日の青い空を反射《はんしゃ》している。場所を変えて見ると、太陽の光が私を直撃《ちょくげき》した。

「ま、まぶしい！」

直径二メートルもある鏡で集められた太陽光を顔に受けてしまい、軽い火傷《やけど》をしてしまったのだ。その日は、一日中ほおがヒリヒリしていたが、これはうれしいヒリヒリだ。

やがて、観測室の床のふたがひらいた。その真下から外枠《そとわく》をふくめて重さ約三トンの主鏡が、観測室のクレーンでゆっくりゆっくりとつり上げられていった。観測室にはこばれた主鏡は台車にのせられ、望遠鏡の真下に移動した。そこから慎重《しんちょう》に鏡がもちあげられていく。正午、鏡はカメラのフラッシュをあびながら、望遠鏡に装着《そうちゃく》された。拍手《はくしゅ》かっさい。天文台スタッフもメーカーの担当者も感きわまっていた。

次はいよいよ望遠鏡に星の光をいれる段階だ。

▲天文台にはこびこまれた主鏡は、ゆっくりとクレーンでもちあげられ、望遠鏡の本体に装着された。

▲観測室の床からはこびこまれる主鏡。（戸田博之氏提供）

column コラム 天文学者になるには？

私が天文少年だった頃は、星座をながめたり、望遠鏡ですきな星をのぞいたり、きれいな天体写真をとったりしていた。

しかし、天文学者は望遠鏡で星をのぞいて見るということはあまりしない。ひとくちでいえば、宇宙《うちゅう》や星の謎《なぞ》を解明して、論文《ろんぶん》を書いて発表するのが仕事だ。天文学者は、大きくわけると理論家と観測家《かんそくか》にわかれる。理論家は、ある現象がなぜおきるのかを考えるのが仕事。観測家は観測、つまり望遠鏡でデータを取る。でも、そんな彼《かれ》らも実は観測しているよりコンピュータを使って仕事をしている時間のほうが長い。

では、天文学者になるにはどうすればいいか？　よく聞かれる質問だが、天文学の基礎《きそ》となっているのは、高校で学習する物理学という理科の科目だ。そして、それをやるには数学が必要になってくる。だから、物理学と数学をちゃんと勉強することが大切だ。それから、論文のための英語も！

天文学を専門的に学べる大学はあまり多くはない。しかし、天文について勉強できる大学や天文学者のいる大学はけっこうある。愛知教育大学《あいちきょういくだいがく》・沢武文《さわたけやす》先生の「宇宙を学べる大学・天文学者のいる大学」というホームページは参考になるぞ。

第八章

「なゆた」誕生

その名は「なゆた」

娘《むすめ》が生まれて、初めてのひな祭りの日のこと。孫の成長を願うために、故郷《こきょう》の信州《しんしゅう》から私の母親、大阪《おおさか》から妻《つま》の両親がやってきた。休日だった私は、桃《もも》の花を買ってきて花びんにさし、七段《だん》かざりのひな人形のとなりにかざった。みんなで町の写真屋に行き、記念写真を撮《と》った。夕方、家に帰ってくると、赤飯、はまぐりのおすい物、お造《つく》りが食卓《しょくたく》にならぶ。娘が笑うたびに、みんなも笑う。そのとき、私の携《けい》帯電話《たいでんわ》がなった。二メートル望遠鏡のリーダー研究員からだった。

「ねえ、なるちゃん。実は、これから『二メートル』を星にむけるテストをするんだけど……こない？」

私は返答にこまった。娘の初節句《はつぜっく》。くわえて私の母親は高齢《こうれい》で、はなれて住んでいるのでこうしてみんなでそろう日はなかなかない。しかし、二メートル望遠鏡が最初に星にむく瞬間《しゅんかん》をみすみす見のがすわけにもいかない……。

「うーん」

うなって考え、そしてリーダーにいった。

「わかった。行くよ」

鏡が望遠鏡に装着《そうちゃく》されてから一ヵ月。メーカーの技術者は苦労して調整をしてきた。そして、とうとう今日初めて、望遠鏡を星にむけるのだ。観測室に行くと、技術者たちがいくぶん緊張《きんちょう》して作業をしていた。同僚《どうりょう》たちも集まっている。

とにかく最初は明るくて、みかけが大きい星がいいという理由で、金星がえらばれた。望遠鏡が金星の方向にむいていく。一秒間に〇・五度という速度でゆっくり、ゆっくり動く。スリットがひらいているエンクロージャーも金星の方向をむく。望遠鏡にはビデオカメラが取りつけられていて、映像《えいぞう》はとなりの制御室《せいぎょしつ》で見ることができる。そろそろ望遠鏡が金星にむく頃だ。みんなでモニターの画面に集中する。そのとき、一瞬《いっしゅん》パッと画面が明るくなったような気がした。うん？　今のはなんだろう？　制御室に期待の空気が流れた。観測室にいた技術者が制御室にきた。

「今、一瞬だけ光ったような気がしたんですが……」

私が聞くと、担当の技術者がすまなさそうな顔でいった。

「ごめんなさい。懐中電灯《かいちゅうでんとう》の光を望遠鏡にむけちゃったんです」

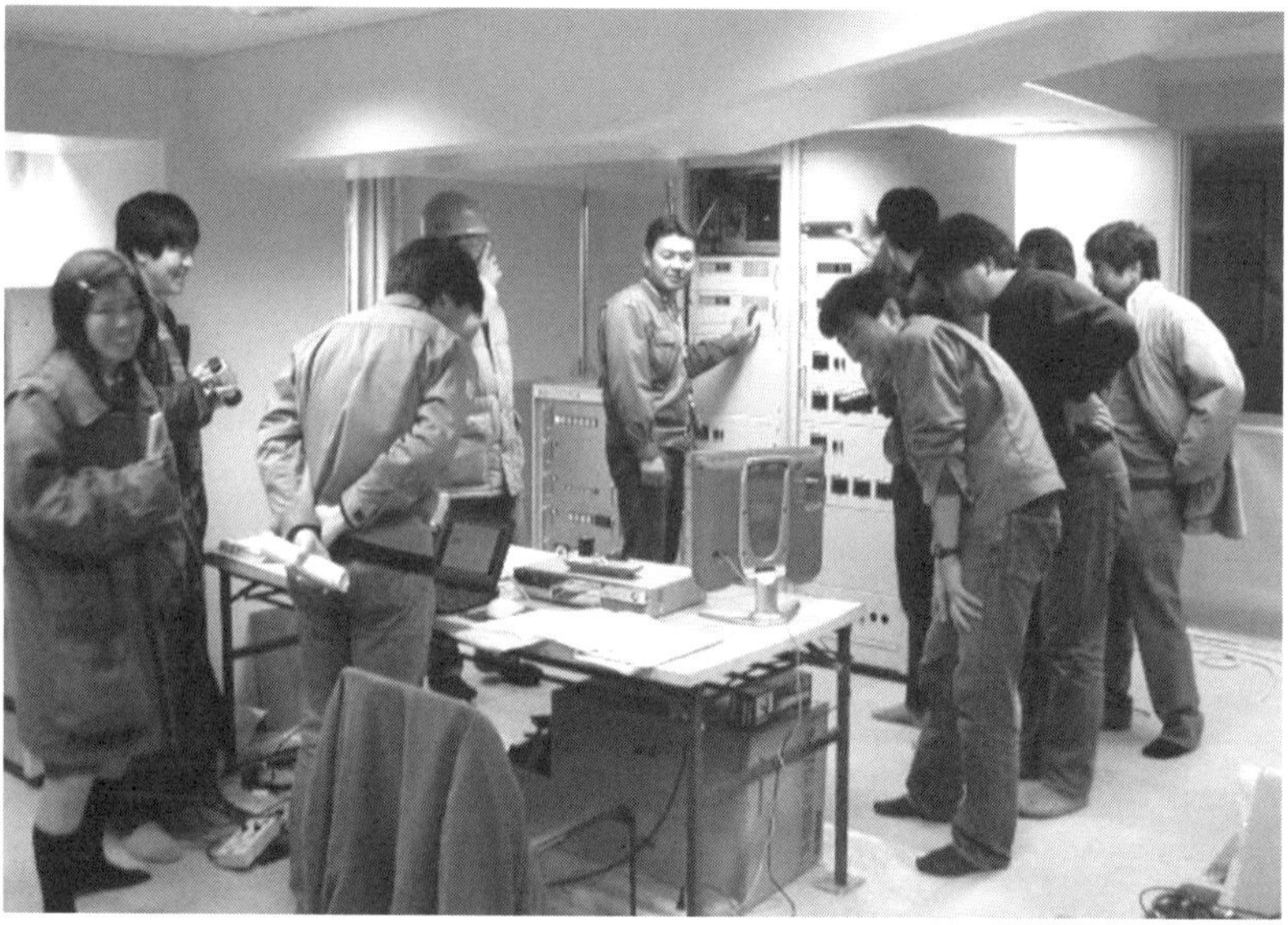

▲▼なゆた望遠鏡をはじめて星にむけたときの様子。

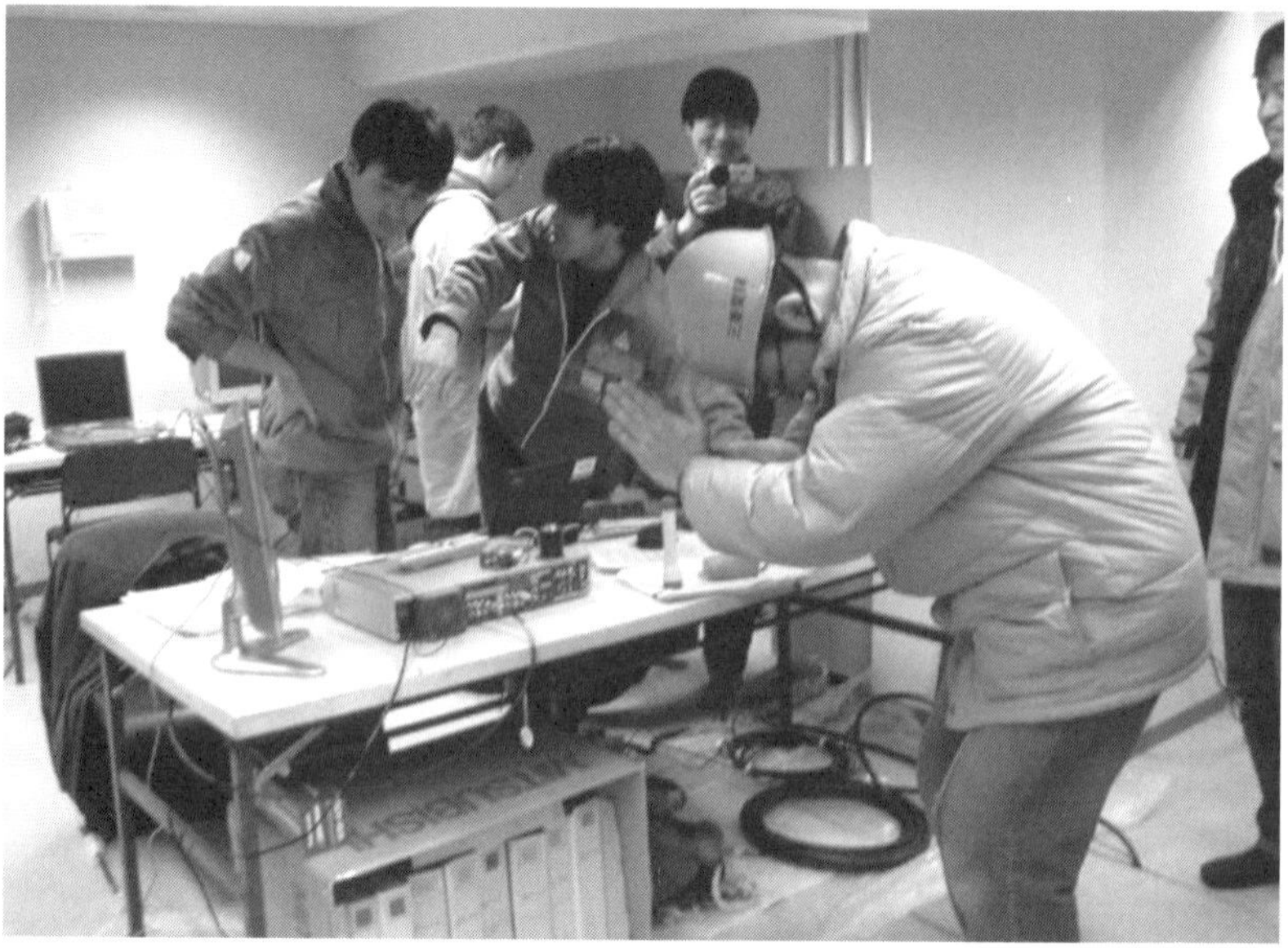

その言葉にみんな大笑い。でも、これが二メートル望遠鏡の中を光が通り、カメラまでたっした最初の瞬間《しゅんかん》だった。どうやら金星と望遠鏡は、ずれているようだ。一番最初のテストだからしかたがない。少し望遠鏡を動かしてみることになる。今度こそ。目がモニター画面にくぎづけになる。すると、まもなく、まぶしい光が画面を横切った。

「うおー」

大きな歓声《かんせい》だ。

「入った。入った。ゆっくりもどして」

望遠鏡が今とは反対方向に動く。そして！　画面いっぱいのまばゆい光。

「はい。フォーカスあわせて」

ピントがあうと、そこには三日月型をした金星がかがやいていた。拍手《はくしゅ》。拍手。

研究員も、メーカーの担当者も、その画像を携帯電話《けいたいでんわ》で撮影《さつえい》する。きっと、それぞれ一番大切な人に、その画像を送ったのだろう。メーカーのある技術者は、モニターに映っている金星を手をあわせておがんだ。ここまでくるには、ずいぶん苦労があっただろう。それを見て、私も胸《むね》が熱くなった。

金星のことを西洋では、ビーナスという。ビーナスは愛と美の女神だ。二メートル望遠鏡が写した愛と美の女神、金星。私は金星のイメージに初節句《はつぜっく》の娘《むすめ》の成長をいのった。

翌日《よくじつ》からは技術者による調整作業が進められた。それとともに私たちは、二メートル望遠鏡のすばらしさを実感することになった。高感度ハイビジョンカメラで初めてオリオン大星雲を撮影《さつえい》した夜のことだ。感度が上がっていくと、少しずつ星雲が見えてきた。白いもやっとしたイメージだ。さらに感度をあげると、みんなから感動の声があがった。星雲の一部が赤く写ったのだ。ふつう、ビデオカメラは、そのときそのときの光しか写せないので、星雲は白い雲のようにしか写らない。色を出すためには、光がたりないのだ。ところが、二メートル望遠鏡ではちゃんと赤く写った。この星雲のことをずっと研究していたある同僚《どうりょう》は、興奮《こうふん》してひとりでずっと星雲の解説をしていた。

技術者たちの作業が明け方ちかくまで続いたある日のことだ。私は制御室《せいぎょしつ》に様子《ようす》を見にいった。するとメーカーの担当者が、月を見せてくれたのだ。その夜の月は下弦《かげん》の頃だった。実は、月を観察するには、満月より上弦や下弦のように欠けているときのほうがよく見える。太陽の光が月を横から照らすので、月の山や谷、クレーターのかげが長くのびる。それで表面の立体感が味わえるのだ。私はひとり観測《かんそく》室《しつ》に行って、接眼鏡《せつがんきょう》（直接目で見る部分のレンズ）をのぞきこんだ。その瞬間《しゅんかん》、私は衝撃《しょうげき》をうけた。それはボイジャーが伝送してきた土星のリングの写真を見たとき以来の衝撃だった。今までに見たこともない解像度《かいぞうど》だ。クレーターの中の山のかげが三角形に月面におちていた。小型望遠鏡で月の海と呼ばれる平らな部分を見ると、そこはツルツルした感じに見える。ところが、二メートル望遠鏡で月を見ると、たくさんのしわや谷が見えるのだ。月の海ってこんなにデコボコしていたんだ。旧天文台にある六十センチ望遠鏡で十年間見てきた月はいったい何だったのだろうか？私はそのまま十分ほど、だまって望遠鏡をのぞいていた。制御室にいた技術者が心配して見にきたほどだ。人間というのは本当におどろいたときは、声が出ないのだなとそのとき、実感した。

またある日、一等星を見た日のこと。二メートル望遠鏡が、うしかい座《ざ》のアルクトゥルスというオレンジ色の恒星《こうせい》にむいた。観測室には何人かの研究員とメーカーの担当者がいた。放射状《ほうしゃじょう》に光をはなつこの星を見た感想は、ある男性研究員の言葉がよく表している。

「光のシャワーが顔にあたり、そのうちのいくつかは目に入りますが、ほとんどの光は頭の後ろに流れ去っていくような気がします」

今度は女性の技術者がモニターをのぞいた。すると、先ほどの研究員が彼女《かのじょ》のそばに歩みよって語りかけた。

「あなたの瞳《ひとみ》からこぼれ落ちる光を、ボクのこの手で受けとめてあげましょう」

彼《かれ》はまじめな声でいったので、真っ暗な観測室《かんそくしつ》が大笑いになった。でも、本当にそのような感じに見えるのだ。さらに調整が終わったら、どんなにかすばらしい望遠鏡になるのだろうか。期待で胸《むね》がふくらんでくる。

さて、今までは「二メートル望遠鏡」といっていたのだが、ちょっと味気ない。そこで愛称《あいしょう》を一般公募《いっぱんこうぼ》することになった。すると、全国から三六〇〇通をこえるアイデアが送られてきた。たくさんの中からえらぶのもこれまたたいへんだったようだが、最終的に「なゆた」に決定した。一、十、百、千、万と数をずっと数えていくと、やがて一の後に〇が六十個ならんだ桁《けた》になるが、それを「那由多《なゆた》（那由他）」という。大きな数字が大きな宇宙、そしてそれを見る大きな望遠鏡をイメージさせ、

▲２メートル望遠鏡「なゆた」

天文台スタッフも気にいった。

大震災《だいしんさい》からちょうど十年がたっていた。国内最大の望遠鏡が兵庫《ひょうご》県に完成したのだ。私はなゆた望遠鏡が大震災からの復興《ふっこう》のシンボルだと思っている。そして、私自身が西《にし》はりま天文台に勤《つと》めているのも、震災と関係がある。なゆたを使って宇宙《うちゅう》の謎《なぞ》をときあかし、宇宙のロマンや神秘《しんぴ》を伝えることは、私が兵庫の人に対して負っている責任のように感じている。

なゆたで見る宇宙

望遠鏡が星にむいたらそれで完成、というわけではない。ねらった星がちゃんと視野《しや》の真ん中に入るように、また星の光がちゃんとした像をむすぶようにと、いろいろな調整作業がおこなわれた。メーカーの技術者たちは、むしろ、それからがたいへんだったかもしれない。オープンの前日まで、調整に調整をかさねていた。

いっぽうで、九月に兵庫県議会で光害《こうがい》防止に関する条例《じょうれい》が可決《かけつ》、翌年《よくねん》一月一日から佐用《さよう》郡に施行《しこう》されることが決まった。サーチライトなどは禁止となり、新たに建物がつくられる際には、上空に光がもれる照明の設置はできなくなった。違反《いはん》した場合は、改善《かいぜん》などが命じられることがあり、罰金《ばっきん》になることもある。国内最大の望遠鏡にむけて、地元の町でも準備が着々と整っていった。

そして、ついになゆたオープンのときがきた。日本最大の望遠鏡、世界最大の公開望遠鏡のオープンだ。二〇〇四年十一月。その月の第二週目は生涯《しょうがい》忘れることができないだろう。一週間続けてのオープニングセレモニーとなった。

八日・月曜日、記念すべきなゆた初の観望会《かんぼうかい》がおこなわれた。当時、天文台公園は、佐用町とそのとなりの上月《こうづき》町の境界《きょうかい》にまたがっていたので、まずはこのふたつの町の住民を対象にした観望会となった。

事前にはがきで申しこんでいた人たちが列をつくった。なゆたはM15というペガスス座の星団にむけられた。何十万もの星の集団だ。町民がなゆたをのぞく瞬間《しゅんかん》。なゆたが公開望遠鏡としての使命をはじめる瞬間だ。世界最大の公開望遠鏡で最初に天体を見ることになったのは、クリーニング屋さんの一家だった。

最初にお父さんがのぞきこんだ。新聞社のカメラのフラッシュが真っ暗な観測室に光る。私もこのとき、記録写真を撮《と》った。西はりま天文台の歴史をメモリーに残した。続いてふたりの娘《むすめ》さんとお母さんが三万光年先のこの天体を観察した。その後、町の人々二百人が大望遠鏡の迫力《はくりょく》を味わった。

翌《よく》火曜日も町民むけの観望会《かんぼうかい》だった。この日集まったのは百二十人。

水曜日には記者会見がおこなわれた。なゆたができるまで、国内最大の公開望遠鏡は、群馬《ぐんま》県の県立ぐんま天文台の百五十センチ望遠鏡だった。群馬県といえばダルマが名物。ぐんま天文台からプレゼントされていたダルマに、記者会見で天文台長が目をいれた。夜は友の会の会員むけの観望会だった。

木曜日は完成記念式典だった。二百人の招待客がきた。「なゆた」という愛称《あいしょう》をつけてくれた愛知《あいち》県の高校生に県副知事から記念品がプレゼントされた。式典の最後には、天文台スタッフ十二人全員がなゆたの前に集合して記念撮影《きねんさつえい》。天文台に制服はないが、この日は全員ネクタイにスーツという服装だった。それが当時勤務していた天文台スタッフ全員がネクタイをつけて撮《と》った最初の写真だ。

金曜日は野外のステージでのイベント。この企画《きかく》は私がまかされていた。とくにもりあがったのは、「なゆたさんあつまれ！」というコーナーだった。全国から「なゆた」という名前の人にきてもらい、ステージで一芸を披露《ひろう》してもらう。そし

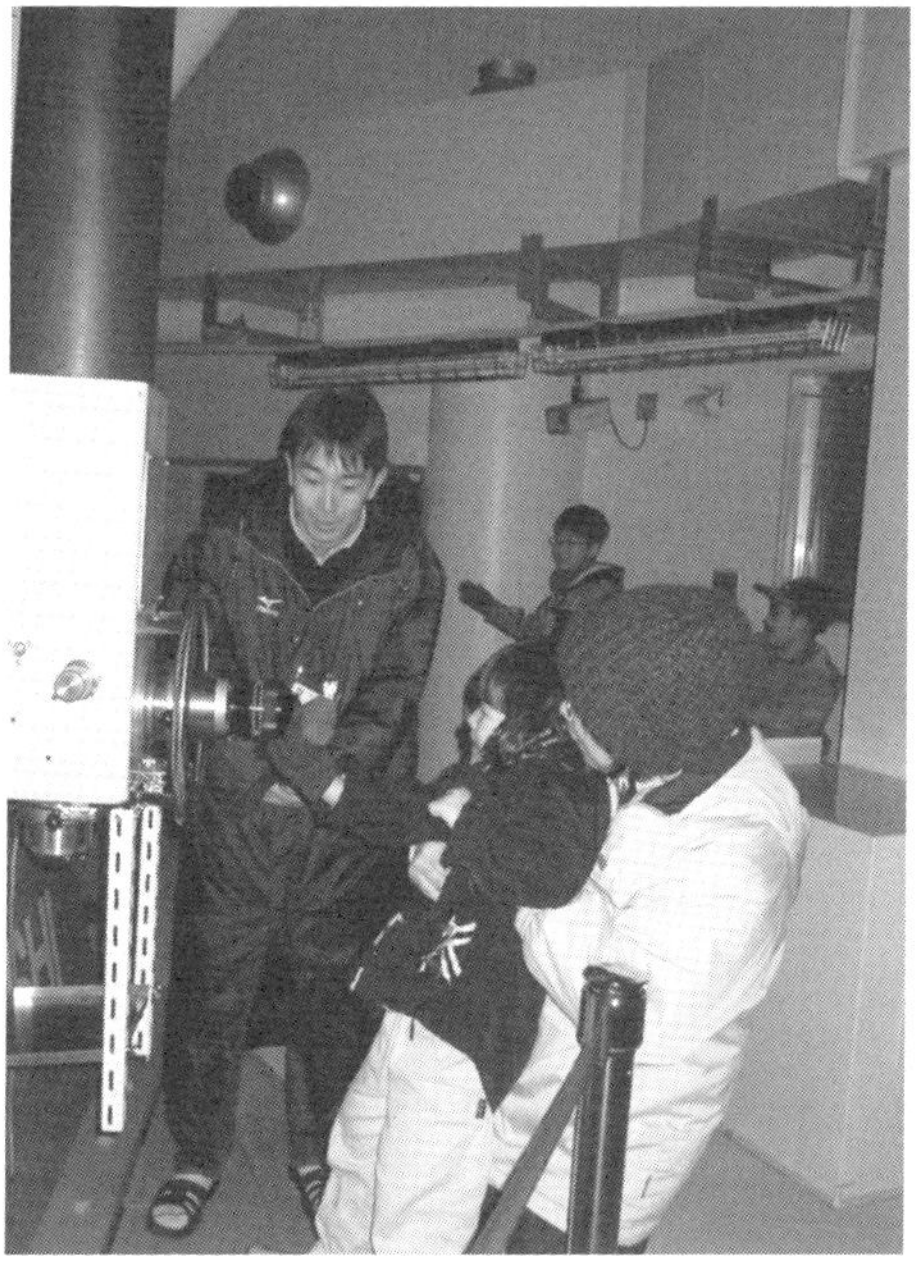

▲◀「なゆた」での観望会

て日本一のなゆたさんを決めようというものだ。最初は、何人集まってもらえるか心配だったが、ふたをあけてみれば、全国から二十人のなゆたさんが集まってくれた。

東は東京から、西は広島《ひろしま》から、十九人のなゆたくんと、ひとりのなゆたちゃんがきてくれた。最年長は二十三歳《さい》の大学生、最年少は生後五ヵ月の赤ちゃんだった。ステージでなゆたさんたちは、歌、少林寺拳法《しょうりんじけんぽう》、サッカーのリフティング、空手《からて》、手笛、リンゴの皮むき、バイオリン演奏《えんそう》、徒然草《つれづれぐさ》の暗唱《あんしょう》などを披露《ひろう》してくれた。書道七段の那由他《なゆた》くんは自分の字を書いてくれた。高校生の那由多《なゆた》くんはトンパ文字で「那由多」と書いてくれた。審査の結果、ある種類のハンミョウを関西で初めて発見した小学生の捺由他《なゆた》くんが最優秀賞を獲得《かくとく》した。

この日のもうひとつの目玉は、直径二メートルのケーキだった。佐用《さよう》高校の家政科三年生が中心となって天文台でつくってくれたのだ。小麦粉十五キロ、たまご四百個が必要だったそうだ。たまごをわった人は、指が腱鞘炎《けんしょうえん》になったとか……。ケーキはなゆたの主鏡をイメージしてつくられていて、新天文台や天《あま》の川《がわ》もえがかれていた。およそ五百人分のケーキは、イベントにきた人たちにくばられたのだが、一時間でなくなってしまった。

最終日の土曜日は、環境を考えるシンポジウムが開催《かいさい》された。

とにかく大いそがしの一週間が終わると、私たちはへとへとになった。でも、とても楽しい一週間だった。どの研究員の目もかがやいていた。

こうしてオープンした、なゆた望遠鏡だが、調整中のときでさえおどろいてしまった月。同僚《どうりょう》は、

「まるでアポロ宇宙船に乗って、宇宙船の窓《まど》から月を見ているようだ」

といっている。月を見て、感激のあまり泣いてしまったお客さんもいた。なゆたは泣かせる望遠鏡なのだ。

月は地球に一番近い天体だが、なゆたはどれくらい遠くまで見えるかというと、なんと百億光年先の天体ものぞいて見ることができる。本当にかすかな光だったのだが、りゅう座《ざ》にあるクエーサーとよばれる銀河の一種まで見ることができた。百億年前にこのクエーサーから旅立った光。百億年前というと、地球が生まれるより、ずっとずっと昔のことだ。想像もつかない長い時間、暗黒の宇宙を旅してきた光子が、今日私の瞳《ひとみ》に入ってきたのだ。この感動をどう表現したらいいのだろう。

ペルセウス座《ざ》に、h星団という天体がある。生まれたばかりの何百という星の集まりだ。これを最初に見たときも感動した。たくさんの星々のかがやきに、まるで天《あま》の川《がわ》の中を泳いでいるような錯覚《さっかく》におちいった。

惑星状星雲《わくせいじょうせいうん》もなゆたのとくいとする天体だ。これは、星が膨張《ぼうちょう》して死んでゆく途《と》中《ちゅう》の姿。惑星のように見えるというだけで、本質的には惑星と関係ないが、ふつうの望遠鏡だと小さな丸い雲のような感じに見える。たいていは青や緑色をしているのだが、大型の望遠鏡でないと色はなかなかわからない。アンドロメダ座には、青い雪玉のように見えることから、「ブルー・スノー・ボール」と呼ばれている惑星状星雲がある。この天体をなゆたで見ると、たしかに青っぽい緑色の天体であることがわかる。さらに注意して観察すると同心円状の構造が、まるでバラの花を上から見たように私の目にはうつる。なゆたで見ると、この天体はブルー・スノー・ボールならぬ、「ブルー・ローズフラワー」なのだ。六十センチ望遠鏡の時代には、惑星状星雲をお客さんに見てもらうことはほとんどなかった。これからはこのようなあわい光の天体もよろこんでもらえるので、観望会《かんぼうかい》メニューにいれることになった。すると、お客さんから、

「なんで青い色をしているのですか？」

とか、

「どうして緑色なんですか？」

などと質問される。なゆたがオープンすると、研究員はますます勉強する必要が出てきた。

それ以外にも、ある五月の夜、私が研究室でデータの解析《かいせき》をしていたときのことだ。観望会を終えた新人研究員が、私のところにきて、

「鳴沢《なるさわ》さん！」

と呼ぶ。彼《かれ》は、目玉がとびだしそうなほど、目を丸くしている。いつも冷静《れいせい》な彼が興奮《こうふん》していた。私は少し心配になってきた。

「鳴沢さん！　いいんですか？　だめですよ！　だめですよ！」

私はこわくなって、小声で聞いた。

「ど、どうしたの？」

彼がさらに目を丸くしていう。

「木星ですよ！　あんなに見えちゃっていいんですか？」

その日は、星のまたたきが少ない空だったので、木星のしま模様《もよう》が何本も波うち、たくさんの小さなうずの集まりが鮮明《せんめい》に見えたというのだ。私もなゆたで木星をのぞいて、まるで惑星探査機《わくせいたんさき》が撮影《さつえい》したかのように鮮明に見える夜もあった。今夜がまさにそれで、新人の彼《かれ》が初めてそれを体験したのだ。

「あんなにすごい木星を見てしまった人は、もうほかの望遠鏡で見ても感動しませんよ。いいんですか？」

七夕《たなばた》の主人公、織りひめ星を見たことがあるだろうか？　こと座《ざ》のベガという白い〇等星だ。ある日幼稚園児《ようちえんじ》の団体がきて、織りひめ星をなゆたでのぞいてもらった。

「星見える？」

私が質問すると、その子は首を横にふっていった。

「星は見えないよ。電気が光っているのは見えたけど」

その子は、ベガのかがやきが電灯だと思ったのだ。それもそのはず六十センチ望遠鏡でもベガはダイヤモンドがかがやいているように見えるのだ。なゆたで見ると、まるで豆電球が光っているかと思うくらい、まぶしくかがやく。星と思えなくてもしかたがない。なゆたで見ると、今までの星のイメージがすっかり変わるかもしれない。

別の日に、今度は小学生の団体がきた。列になってもらって、なゆたでいくつかの星を順番に見てもらった。観望会《かんぼうかい》が終わるまでにはまだ時間があった。そこで、「今度は、織りひめ星を見ますよ」と案内した。すると、引率《いんそつ》していた先生が、

「もうけっこうです。これから子どもたちは、お風呂に入らなくてはいけませんから」

というのだ。そこで、私は残念だったが、観望会を終わらせることにした。ところが、ベガを見られない子どもたちをだんだんかわいそうに感じてきた。車を運転できない彼《かれ》らにとっては、大撫山頂《おおなでさんちょう》にある天文台にくるチャンスは多いとはいえないのだ。どうしてもあのベガのかがやきを見てもらいたい。もう一度先ほどの先生のところにいき、私はいった。

「先生、やっぱり見せましょう。この夜空は、今日だけの空なんです。お風呂は家

に帰ればいつだって入れます！」

その先生が、わかりました、といってくれたので、観望会《かんぼうかい》再開だ。

「うわー！　きれーい！」

子どもたちにベガを見せると、みんな声をあげてよろこんでくれた。やっぱり見てもらって正解だったなと思った。

ところで、こうしてなゆたで星を見ると、人間の心にはどのような変化がおきるのだろうか？　私もそれまでは、あまり深く考えたことはなかったが、ある大学で心理学の研究をしている大学院生が、なゆたで星を見ると、気分がどう変わるかというユニークな調査をした。何日も天文台に足をはこび、なゆたで星を見る前と後で、お客さんにアンケートをしてもらったのだ。西《にし》はりま天文台にはきたけれど、天気が悪くてなゆたで星が見られなかった人たちともくらべてみた。人の心の調査なので、なかなか結論を出すのはむずかしいようなのだが、星を見た後は、「怒《いか》り」「敵意《てきい》」や「疲労《ひろう》」などに○をつける人が少なくなるということがわかった。これは天文関係の研究会でも発表された。私も出席していたが、この発表は参加者から注目されていた。なゆたで星を見ることは、心のいやしにもなるようだ。

column

コラム 宇宙人《うちゅうじん》からの信号？

電波を使ったＳＥＴＩは、四十年以上にわたっておこなわれてきた。その間に、あやしい電波を受信したことがなんどかあった。有名なものが「Ｗｏｗ！信号」だ。一九七七年、オハイオ州立大学の電波望遠鏡が、いて座《ざ》からくる強い信号をとらえた。そのときの関係者《かんけいしゃ》が興奮《こうふん》して記録用紙に「Ｗｏｗ！」と書きこんだことから、この名がついた。日本語でいえば「なんだこりゃ！」だ。ほかにも、ポール・ホロウィッツとカール・セーガンがおこなった*ＭＥＴＡという観測でも、いくつかの領域からあやしい信号が受信された。ホロウィッツ博士は有名なＳＥＴＩ研究者。ハーバード大学のＯＳＥＴＩ専用望遠鏡も彼らのグループによるものだ。

これらの電波はくわしい調査がおこなわれた。自然界から出た電波ではないか？　人間が出した電波ではないか？　Ｗｏｗ！信号については、今でも研究が続けられている。残念なことにこれらの強い電波は、ある領域から一度だけしかこなかった。なんどもなんども信号がこないと、きちんと確認することはできない。だから、これらの信号からただちに宇宙人発見とはいえない。

＊ＭＥＴＡで観測されたあやしい信号は計算機の不具合が原因だとする説もある。

日本では、二〇〇五年、九州東海大学《きゅうしゅうとうかいだいがく》の藤下光身《ふじしたみつみ》博士のグループが、岩手《いわて》県の水沢《みずさわ》にある国立天文台のアンテナを使ってSETI観測をおこなった。藤下博士らのグループは、それまでも電波SETIをおこなったことがあったが、水沢でのターゲットは、実は私が決めた。Wow!領域とMETA領域だ。なんとかもう一度受信しないか、というわけだ。

これらの領域《りょういき》のうち、うみへび座《ざ》にあるMETA領域のひとつは、夜になるとなゆたでも観測《かんそく》ができた。もし、水沢で電波を受信したら、そこを可視光《かしこう》でも撮影《さつえい》しておくほうがいいだろう。発信源の特定につながるかもしれない。そこで、水沢観測所と西《にし》はりま天文台と同時に観測をおこなったのだ。電波と可視光で同時にSETI関連の観測をおこなうのは、日本では初めてのことだった。

このときは残念ながら、宇宙人《うちゅうじん》からと考えられる電波は受けなかった。なゆたが撮影したイメージにも、知られている星だけしか写っていなかった。それでも、日本でも本格的にSETIをしたということでは、意味があったと思っている。

第七章

宇宙人を探す！

なゆたの成果《せいか》

佐用《さよう》町内の自宅《じたく》から天文台まで、私は車で通勤《つうきん》している。五月の新緑はすがすがしいし、秋は紅葉がとてもきれいだ。しかし、冬になると雪がふるので、出勤はたいへんだ。一度だけ大撫山《おおなでさん》で八十センチの積雪があり、さすがにこのときは車での出勤はできなかった。

研究員の勤務《きんむ》時間は、午後一時から午後十時までの組と、午後六時から翌日《よくじつ》の朝三時までの組があり、このふたつの組を交代しながらやっている。午後六時からの組は、七時半から九時までの観望会《かんぼうかい》を担当する。九時にお客さんが帰ると、なゆたを使っての研究観測《けんきゅうかんそく》になる。帰宅《きたく》は、毎日深夜になってしまう。いつも夜行性のシカやタヌキ、野ウサギなどが見送ってくれる帰り道だ。雷雨《らいう》の夜、道の真ん中にイノシシがいたこともあったりして、ちょっとこわいときもある。冬は車のフロントガラスがこおってしまい、坂道はアイスバーンになっているので、夜の帰宅は命がけだ。

朝まで観測することもめずらしくない。冬の佐用町は朝霧《あさぎり》で有名だ。霧の夜に、

▲西はりま天文台のある大撫山頂から見た雲海

男の神様と女の神様が、人間に知られることなく、こっそりデートする、という話が地元に伝わっているそうだ。

観測が終わり、なゆたの主電源を切って外に出てみたら、三六〇度の雲海《うんかい》ということもある。それは文字通り雲の海だ。山々の頂上《ちょうじょう》だけが、まるで島のように白い雲の上につき出ている。そして、その雲海のむこうから、真っ赤な太陽がのぼってくると、とても美しい光景になる。鳴きはじめた小鳥のさえずりを聞きながら、その景色が見られるということは、徹夜《てつや》で観測した者だけが味わえる特権だといつも感じている。

その後、明け方近くに帰宅《きたく》して床《とこ》につく。朝になると娘《むすめ》がおきてくる。パパは寝《ね》はじめたところなのだが、二歳《さい》になった娘にとって、そんなことはまったく関係ない。遊んでもらいたいので、パパの顔をボールペンでつっついたり、口の中に消しゴムをつっこんだり、馬のりになったりと、あの手この手でおこそうとする。私にとって一日で一番つらい時間だ……。なんとか娘にあきらめてもらった私がおき出すのは午前十時をすぎた頃。それから出勤《しゅっきん》までの短い時間が、一日で一番楽しい。ベランダで娘といっしょにシャボン玉をして遊んだり、サイクリングをしたり、お風呂に入ったり。そして昼食をとったら、愛妻弁当《あいさいべんとう》をもってまた出勤だ。

車で十分。大撫山《おおなでさん》をのぼり、天文台に着く。

ここで「なゆた」が入った新天文台を紹介《しょうかい》しよう。構造上は四階建て相当の白い建物なのだが、中央部が空洞《くうどう》になっている。ここは、観測室《かんそくしつ》より低い位置にあり、風を通すための場所になっている。風は地表とのまさつで空気のうずを発生させる。また、地表があたためられても空気のうず、つまりかげろうが発生する。これが天体観測にとってはじゃまなのだ。せっかく星にピントがあっても、まるでピントがぼけたように見えてしまい、星がはげしくまたたく日と同じ状況になってしまう。

観測室は建物の南側にせりだしている。それらは太い一本の柱と細い五本の柱でささえられている。太い柱は地下約十メートルの固い岩盤《がんばん》の上に立てられていて、なゆた望遠鏡はその柱の上にのっている。つまり望遠鏡は、建物とは独立した構造になっているので、たとえ建物がゆれたとしても、望遠鏡がゆれることはないのだ。

また、ふつうの天文台の屋根は丸いドームというイメージがあるが、ここのエンクロージャー（観測室の屋根）は、円筒形《えんとうけい》をしている。いろいろと実験をした結果、これが最適だということになったのだ。ドームの場合は、風があたると、空気のうずが建物の壁《かべ》にそってのぼってくる。いっぽう、円筒形の場合は、風がスムーズに流れていくのだ。

エンクロージャーの中に入ると、壁《かべ》に七つのシャッター窓《まど》がついているのが見える。これはベンチレータと呼ばれている。屋上に設置されている気象センサーがリアルタイムで風向《ふうこう》を知らせてくれるのだが、風向にあわせてこのベンチレータをあけたりしめたりする。ひとつのベンチレータから風が入ってきて、反対側のベンチレータにぬけていく、というしくみだ。観測室内に熱がこもると、やはりかげろうができる。これをひらいたベンチレータからおい出すのだ。また、観測室内には、夏はもちろん、冬でも冷房《れいぼう》をいれてかげろうの発生を防いでいる。

エンクロージャーは、次ページの写真のように、観音《かんのん》びらきになる構造になっている。これがスリットだ。スリットがひらくと、そこから生の空が見え、なゆたがその方向にむく。観測室内の温度が上がると大変なので、昼間あけることはない。ベストな環境に、国内一の望遠鏡があるのだ。建物にも星がよく見えるためのくふうがたくさんほどこされている。

なゆた望遠鏡の重さは四十トン、つつ先が一番上をむくと、高さは九・五メートルになる。望遠鏡のおしりの部分に、フランス製の主鏡が入っている。なゆたの命だ。鏡の上には、カバーがしてある。観測時にはカバーが四方向にひらき、主鏡に星の光が入ってくる。

なゆたで星をのぞいてみる部分は、眼視観望装置《がんしかんぼうそうち》と呼ばれている。このような装置がついている世界最大の望遠鏡が、なゆただ。なゆたより大きな天体望遠鏡には、ふつう、観望を目的として星をのぞく部分がついていない。なゆたの眼視観望装置は上下に移動する。しかも高さを変えてもピントが変わらないしくみになっている。このおかげで、子どもも車いすの方も身長が高い方も楽《らく》な姿勢《しせい》で見ることができる。

▲「なゆた」が入る前の新天文台。スリットがあいている状態。

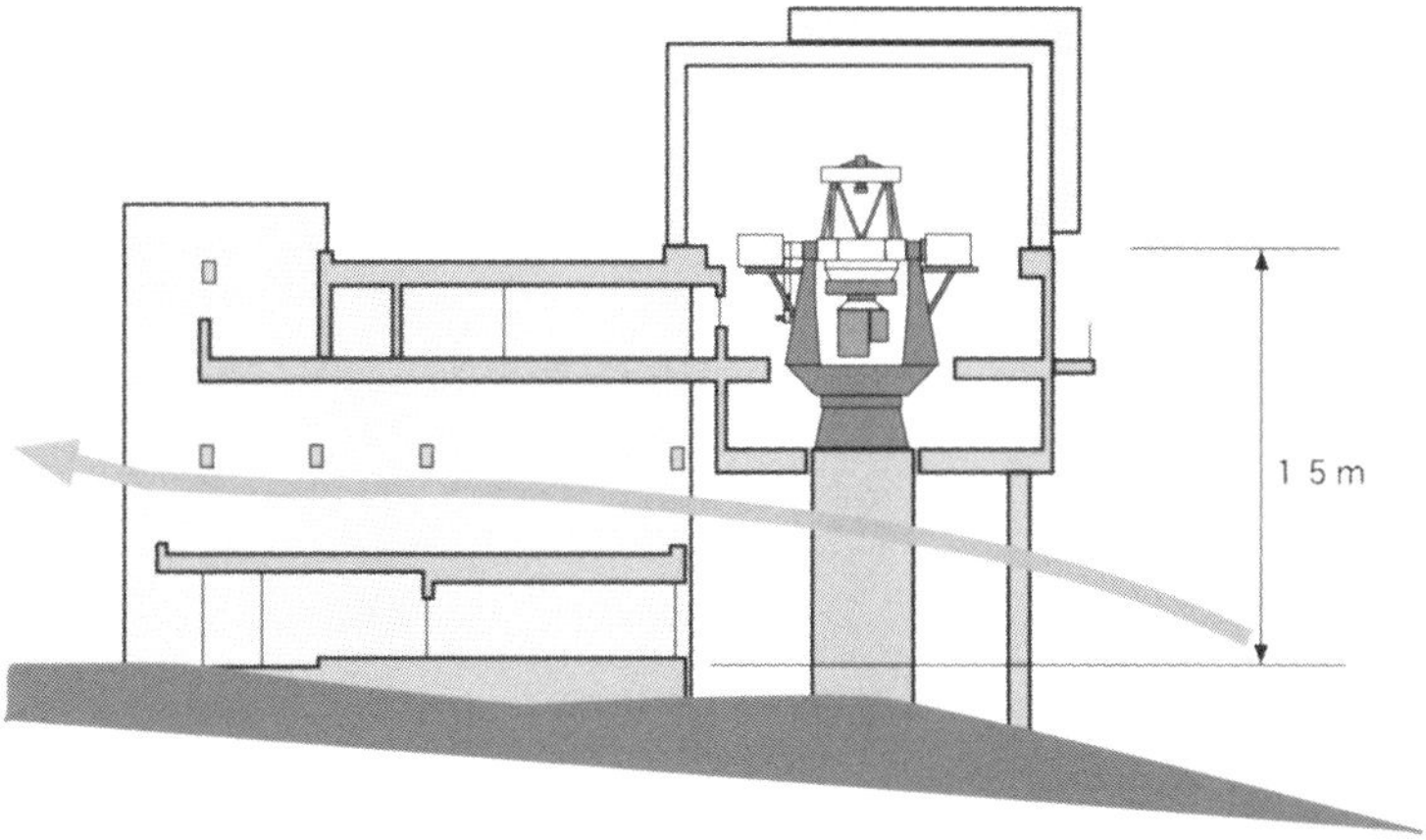

▲観測条件をよくするために、建物の中空部分に風を通す。

なゆたより大きな天体望遠鏡にはのぞいてみる部分がないといったが、ではそれらの望遠鏡では、どうやって星のことを調べるのだろうか。実は天文学者というのは、目で望遠鏡をのぞいて見て、星をあれこれ研究しているわけではない。百五十年前までの天文学者は、そうしていたが、今は電気的な機械を望遠鏡に取りつけてデータをとる。そしてデータはコンピュータで解析《かいせき》される。

なゆたにも研究観測用《けんきゅうかんそくよう》の機械がいくつかついている。主鏡の後ろにはふたつの機械がついている。グレーのつつが可視光撮像装置《かしこうさつぞうそうち》だ。いってみれば、高性能のデジカメだ。計算上は宇宙の水平線の内側にあるすべての天体をこれで撮影することができる。そのとなりで銀色に光っているのが、赤外線カメラだ。天体が出す赤外線をこれで撮影することができる。

この望遠鏡のおしりの部分には、もうひとつの機械をつけることができる。まるで真っ赤な郵便《ゆうびん》ポストのようだが、これはＶＴＯＳ（可視光ターゲット観測システム）という名前がついている、ものすごく高性能なスピードカメラだ。これを使うと、天体のたいへんこまかい構造を写すことができる。

なゆたの左右には、テーブルがある。片方《かたほう》のテーブルの上には、真っ黒い箱がお

▶可視光撮像装置

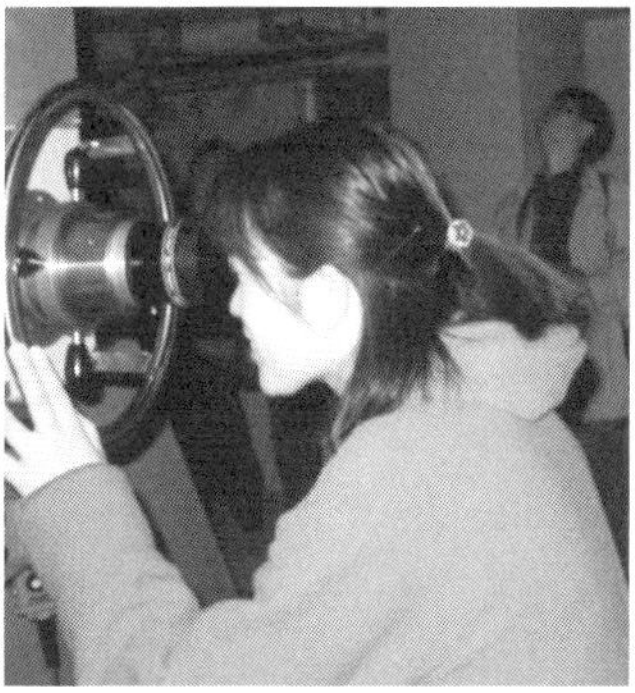

▲眼視観望装置

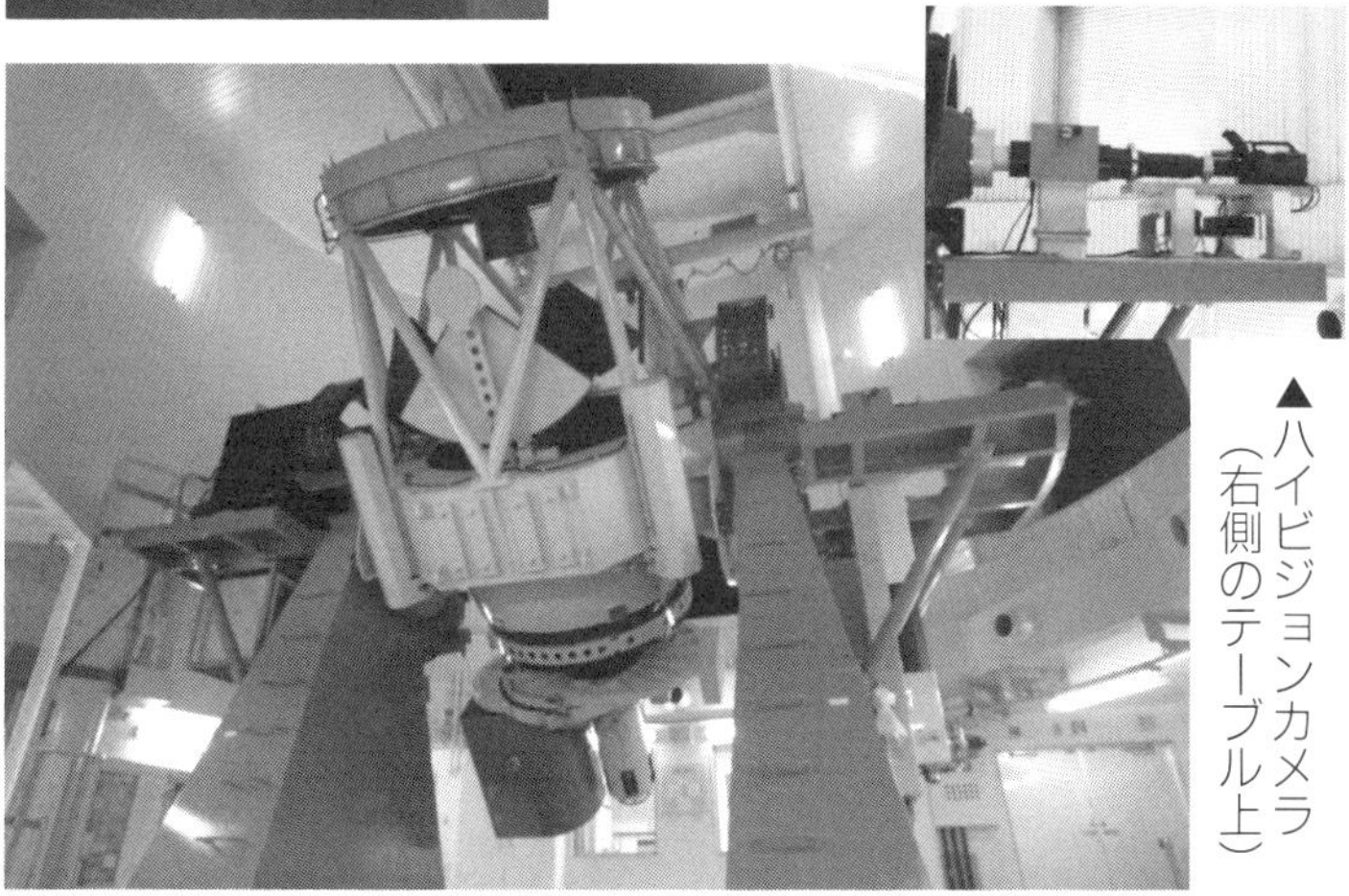

▶可視光分光器（左側のテーブル上）

▲ハイビジョンカメラ（右側のテーブル上）

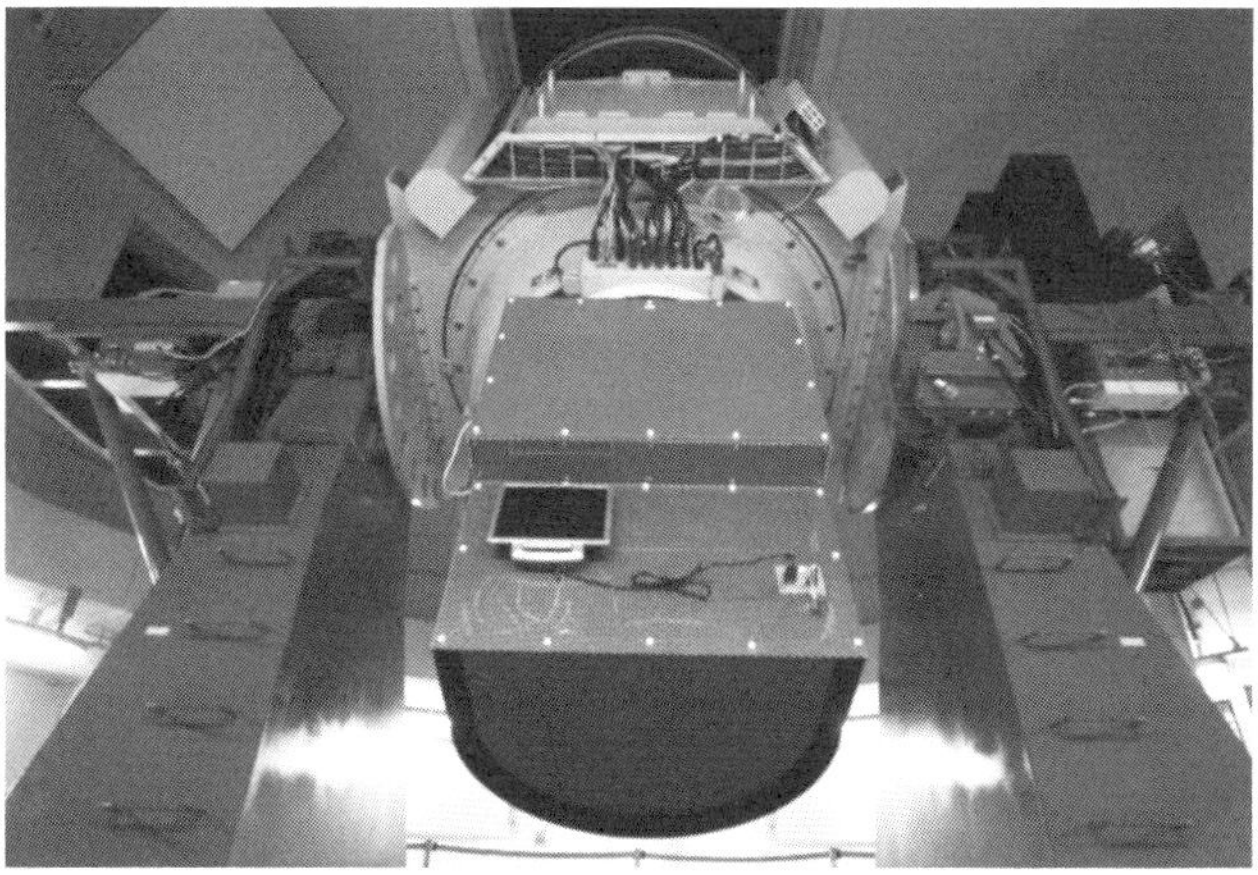

▶VTOS（可視光ターゲット観測システム）

かれている。これは可視光分光器《かしこうぶんこうき》という。星からきた光を虹《にじ》にする機械だ。太陽光をプリズムに通すと、そこに虹ができる。これとおなじ原理で、星からきた光を機械にかけ、虹にする。虹のことを私たちは「スペクトル」といっている。星のスペクトルを調べることで、はるかかなたにある星のことがいろいろとわかるのだ。たとえば、その星には鉄があるとか、カルシウムがあるなどということが、行って調べなくてもわかってしまうのだ。これこそまさに人間の英知だと、私は思う。さらに、その星が地球にむかっているのか、遠ざかっているのかもわかる。宇宙が膨張《ぼうちょう》していることも、この原理でわかった。

可視光分光器の反対側のテーブルには、高感度ハイビジョンカメラがおかれている。実は高感度ハイビジョンカメラがそなわっているのは、日本ではなゆただけだ。これは暗い天体も写すことができる感度がよいビデオカメラだ。オリオン大星雲の一部が赤く写って研究員が興奮《こうふん》した話は、前に紹介《しょうかい》した。二〇〇六年八月二十四日、国際天文学連合の総会で冥王星《めいおうせい》が惑星《わくせい》から除外されたときも活躍《かつやく》した。総会で決定されたのが日本時間の午後十時半頃。この前後、なゆたのハイビジョンカメラによる冥王星の映像がテレビニュースで生中継《なまちゅうけい》された。

私たちは、これらの機械を使って晴れた夜は、毎晩研究観測《まいばんけんきゅうかんそく》をおこなっている。もし晴れているのに観測しないとなると、それは兵庫《ひょうご》県の人にとって失礼なことなので、私たちは晴れていれば必ず観測するように努めている。そのためには、どのように観測をするのか、前もって決めておく必要がある。月に二回ほど、研究員が自主的に集まって勉強会をひらき、それぞれの研究についてわかったことをレポートする。そして、同僚《どうりょう》の意見を聞いて、これからの予定を立てている。なゆたでの観測時間を少しもむだにしないように、みんなで知恵を出しあう。しかもこの勉強会、発表も質問も英語でやり取りをする決まりだ。

こうして、私たちは真剣勝負《しんけんしょうぶ》でなゆたの観測にのぞむ。そしてすでにいくつかの研究成果が出ている。

「すばる」という天体の名前を聞いたことがあるだろうか。正式にはプレアデス散開星団というが、たくさんの星の集まりだ。明るいほうから順番に数えて七番目の星をプレオネという。この星は、高温度のガスのリングが、その星のまわりをとりまいていることで知られていた。可視光分光器で本格的な観測ができるようになったとき、なゆたをプレオネにもむけてみた。スペクトルを調べると、ガスリングの様子《ようす》がわかるからだ。スペクトルには明らかにガスリングが存在《そんざい》する証拠《しょうこ》があった。リングのことをもっとくわしく調べるために、プレオネのことを長年研究している何人かの研究者にもスペクトルを送り、くわしく分析《ぶんせき》してもらった。すると、おどろくようなことがわかったのだ。今まで知られていた大きなリングの内側に、もうひとつの小さなリングがあるというのだ。

プレオネにはふたつのリングが存在していた。リングを持つ恒星《こうせい》は、いくつか知られていたが、二本のリングがある恒星は今まで知られていなかった。なゆたが世界で初めて発見したのだ。私はなゆたが発見した小さなリングは、カナダの発見者にちなんで「ガリバーのリング」と呼ぶことにしている。しかも、おどろいたことに、なゆたのリングとガリバーのリングは、かたむいていた。プレオネは実に奇妙《きみょう》なかっこうをした星だったのだ。早い時期からなゆたの成果《せいか》が出て私たちもよろこんだ。

実は、一年前に別の天文台で観測《かんそく》したデータを調べると、もうひとつのリングはできていなかった。ところが、なゆた望遠鏡をプレオネにむけたときには、できていたのだ。つまりリングが生まれた直後に、私たちが発見したということになる。

▲すばる

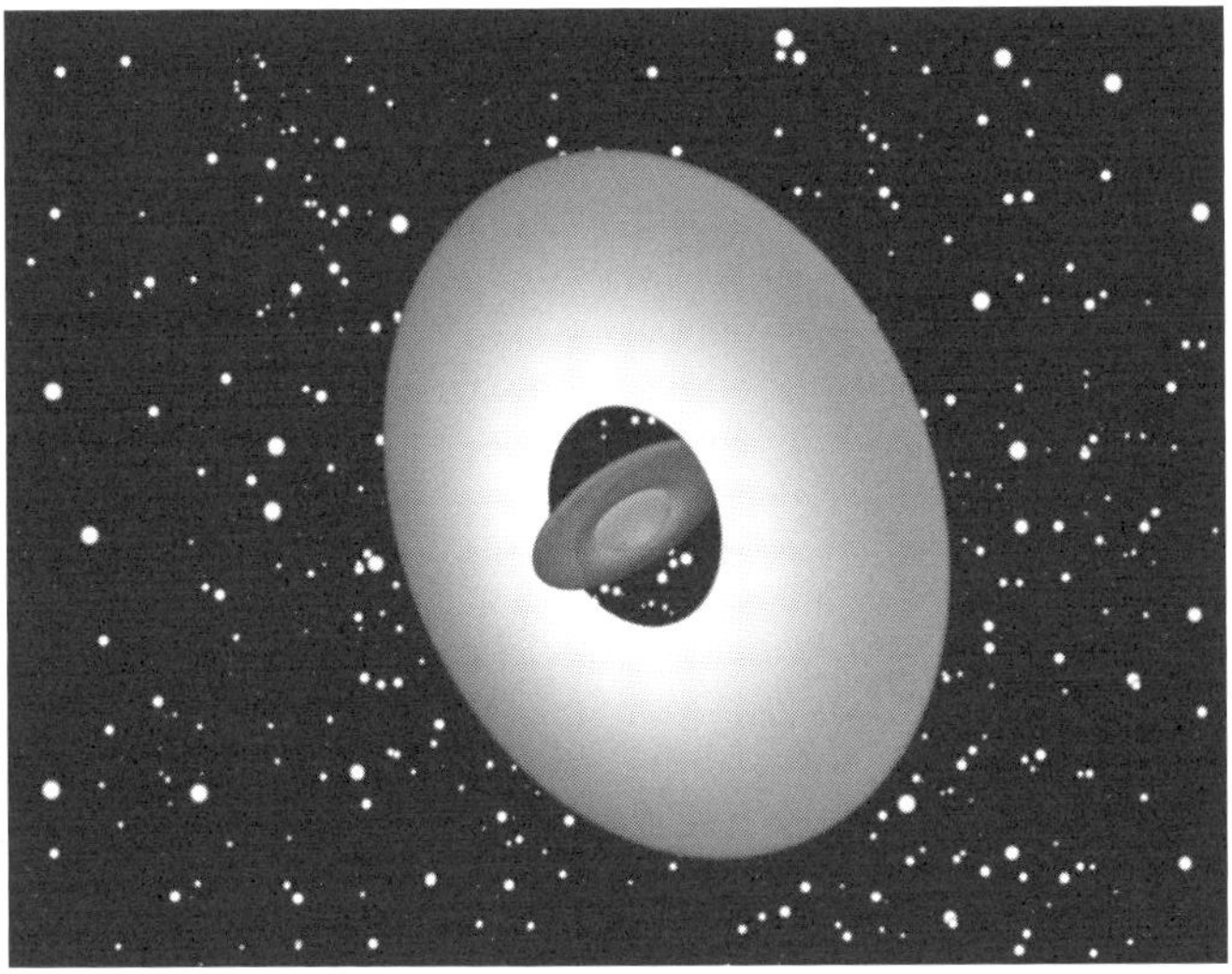

◀なゆたなどの観測から考えられるプレオネの想像図

本当に幸運だったわけだ。

私が長年研究を続けているカシオペヤ座《ざ》RZ星のスペクトルも、もちろん観測《かんそく》した。別の天文台で観測したスペクトルも使って、この星の元素の量を調査すると、またまた発見があった。この星は、軽い元素は問題ないのだが、重い元素がふつうの星にくらべて少ない星であることがわかった。この結果は、日本天文学会が発行している英語の学術雑誌《がくじゅつざっし》に掲載された。なゆた初の論文だ。

同僚《どうりょう》たちもなゆたで成果《せいか》を出している。ある研究員は、新たに発見されたスーパーノバを科学的に確認した。それによって国際天文学連合からそれらの天体に新しい名前があたえられた。彗星《すいせい》の観測でも、いくつかの貴重《きちょう》な成果が出ている。仲間の研究でとくに自慢《じまん》できることは、空間分解能の日本新記録を樹立《じゅりつ》したことだ。空間分解能というのは、どこまで天体をこまかく撮影《さつえい》できるかという能力のことをいう。彼《かれ》はさらに世界記録をめざしている。

こうしたエキサイティングな研究現場を見てもらいたい。なゆたの観測を実際に体験してもらいたい……。私たちは、一般《いっぱん》の人たちにも研究員の仕事を体験してもらう企画《きかく》を考えた。そのうちのひとつ、そう、私が考え出したテーマはだれもが予想しなかった観測だ。そして、まだ日本中のどの天文台でもおこなったことがない観測なのだ。

そうだ！　宇宙人《うちゅうじん》を探そう

人間がいるのだから、この広い宇宙のどこかに地球外知的生命《ちきゅうがいちてきせいめい》、つまり宇宙人がいるかもしれない……そう考えるのは自然なことだ。映画やテレビの中で人間はいろいろな姿の宇宙人を想像してきた。でも、本当に宇宙人を見つけるにはどうしたらいいのだろうか？

一九五九年、アメリカのフィリップ・モリソンとジュゼッペ・コッコーニは、科学雑誌「ネイチャー」に、宇宙人を見つけるアイデアを発表した。

電波天文学者は、宇宙からくる、ある波長の電波に注目して観測している。宇宙人もそのことに気がついていて、その波長の電波を使って、地球にむけて信号を送ってくる可能性がある、そう考えたのだ。

実際にアンテナを星にむけて、宇宙人がこの波長の電波を出していないか最初に調べたのは、アメリカのフランク・ドレイクだった。一九六〇年のことだ。これが世界で初めてのＳＥＴＩ《セチ》（地球外知的生命探査《ちきゅうがいちてきせいめいたんさ》）だ。

それから今日まで、アメリカを中心に宇宙人からの電波をキャッチしようという試みがおこなわれている。天文学者の間でも宇宙人を探すのは電波だ、というイメージが広がっている。

少年時代、「もしかしたらここにも宇宙人がいるのだろうか？」そう思いながら、私は小さな望遠鏡でかすかに見える銀河をのぞいていた。中学時代に読んだ「ＣＯＳＭＯＳ」の著者、カール・セーガンもＳＥＴＩをおこなっていた。その影響《えいきょう》もあり、ずっと心の中にあった大きな疑問のひとつが「はたして宇宙人はいるのか？」だった。ところが、私が進んだ天文学の道は、光学望遠鏡を使う分野だった。電波を観測《かんそく》する望遠鏡を電波望遠鏡というが、それに対して可視光線《かしこうせん》を観測する望遠鏡のことを光学望遠鏡という。ＳＥＴＩは、電波天文学者のすること、自分とは無関係な話……。私は、そう思ってきた。光学望遠鏡を使った研究に没頭《ぼっとう》するにつれて、心の中でしだいにＳＥＴＩをあきらめていったのかもしれない。

しかし、西はりま天文台に就職《しゅうしょく》すると、ふたたびＳＥＴＩに興味《きょうみ》をもってきた。

理由は、子どもたちによく「宇宙人はいますか？」と質問されるからだ。そして、もうひとつの理由は、森本《もりもと》先生だ。森本先生は、とてもＳＥＴＩに関心があった。宇宙人を探す方法で、とてもユニークなことを考えていた。そのアイデアは、やはり「ネイチャー」で発表されていた。森本先生からＳＥＴＩの話を聞くのは、とても楽しいのだ。そして同時に、少しさみしい気持ちもあった。光学天文学が専門の自分には、できない分野だからだ。森本先生の考えた方法も、やっぱり電波望遠鏡を使った観測になる。ＳＥＴＩ……とても興味はあるけれど、それは自分にはできない分野。歯がゆい思いだった。

さて、二メートル望遠鏡計画にゴーサインが出された頃のこと。世界最大の公開望遠鏡が完成したら、観望会《かんぼうかい》で星をのぞくだけではなくて、一般の方も研究に参加してもらってはどうだろうか、というアイデアが同僚《どうりょう》から出た。それはおもしろい。ではどんな観測テーマがいいのだろうか？　一般の方との研究だから、なるべくわかりやすくて、なるべく大きなテーマがいいだろうな……いろいろと考えていた。

ある日のことだ。ハーバード大学で、ＳＥＴＩ専用の光学望遠鏡の建設がはじまった、というニュースが入ってきた。林の中に入ったパワーショベルが建設予定地の地質調査をしている写真が掲載《けいさい》されていた。

「いったいぜんたい、どういうことだ？」

このニュースは、ＳＥＴＩイコール電波望遠鏡と思いこんでいた私にとって衝撃《しょうげき》だった。そして光学望遠鏡でのＳＥＴＩのことをＯＳＥＴＩ（光学的地球外知的生命《こうがくてきちきゅうがいちてきせいめい》探査《たんさ》）ということも、このときにはじめて知った。ＯＳＥＴＩは、「オセチ」と発音するようだ。

さっそくインターネットで検索《けんさく》してみた。ところが、「ＯＳＥＴＩ」とちゃんと英語で書いて検索しても、ヒットするのはおせち料理のページばかり。それでも、調べていくとハーバード大学はすでに別の望遠鏡を使ってＯＳＥＴＩを実行していることがわかった。それどころか、プリンストン大学、カリフォルニア大学などでもすでにＯＳＥＴＩをしているというのだ。まさに、目からうろこだった。光学望遠鏡でもＳＥＴＩができる！　そうだ。これだ！　一般の人との二メートル望遠鏡での研究テーマ。これ以上わかりやすくて、大きなテーマはほかにはないだろう。

こうしてなゆたでのＯＳＥＴＩ実施にむけてじょじょに準備がはじまっていったのだ。それでは、ＯＳＥＴＩというのは、具体的にどのような観測《かんそく》なのだろうか？

○SETIーいろいろー核廃棄物《かくはいきぶつ》を探すー

光学望遠鏡でおこなう、SETI（地球外知的生命探査）には、いろいろとユニークな方法がある。私たちはそのうちどれをおこなうのがいいか、検討をかさねた。

まず、母星に核廃棄物が捨《す》てられていないか、ということを調べる方法がある。原子力発電所などでは、ウランやプルトニウムを分裂させてエネルギーを取りだす。ところが、この後で核廃棄物というものが出てくる。これは人体に危険《きけん》な放射《ほうしゃ》線《せん》を出すので、とてもやっかいだ。しかも、放射線が出なくなるまでにはそうとう時間がかかる。それに核廃棄物は兵器に転用することもできる。もしもテロリストの手にわたったらたいへんだ。かつては、ドラム缶《かん》にいれて深い海の底に捨てていた国もあったらしい。地下深くにうめてしまうことも考えられている。でも、やはり地球にあるだけで心配になってくる。

そこで、核廃棄物をロケットに乗せて、そのまま太陽に落としてしまったらどうだろうか？　ホイットマイヤーとライトは、宇宙人も同じようなことを思いつくのではないかと考えた。宇宙人は、太陽系外の惑星《わくせい》にすんでいるとする。その惑星は、恒星《こうせい》のまわりを公転している。この恒星を「母星」と呼ぶとしよう。彼《かれ》らにとっての太陽だ。宇宙人《うちゅうじん》が母星に核廃棄物《かくはいきぶつ》を捨《す》てるとどうなるのか。廃棄物が核分裂《かくぶんれつ》をしていくと、新しい元素がつくられて、その元素はふえていく。そのような元素のうち、ふつうの星では少ないものに注目したらどうだろうか？　このアイデアは一九八〇年に「イカロス」という専門雑誌《ざっし》に発表された。

翌年《よくねん》、さっそく観測《かんそく》をおこなった人がいた。タレントだ。彼は、アメリカのキットピーク国立天文台の二・一メートル望遠鏡で観測をおこなった。星のスペクトルを分析《ぶんせき》すると、どのような元素があるのか、またどの程度あるのかがわかる。タレントは恒星のスペクトルを分析して核廃棄物が捨てられていないか調査したのだ。

ブレイスウェル探査機《たんさき》

次に、宇宙人の探査機が地球にきていないか？　という観点から調べる方法がある。惑星《わくせい》探査機というのは惑星を調査するためにロケットで打ち上げられる無人の機械、つまり惑星探査ロボットだ。これまで人間が打ち上げた、たくさんの探査機のうち四つが太陽系の外へ出ていった。

ＮＡＳＡ（アメリカ航空宇宙局）のパイオニア十号は、木星を初めて観測した探査機だ。続くパイオニア十一号は木星に接近したあと土星へむかい、初めて土星を調査した探査機となった。パイオニア十号と十一号は、観測を終えてそのまま太陽系を去っていった。ふたつのパイオニア探査機の後が、やはりＮＡＳＡのボイジャー一号、二号だ。一号と二号は、木星と土星を次々と観測した。一号の惑星探査の使命はそれで終わったが、二号はその後に天王星《てんのうせい》と海王星《かいおうせい》を初めて探査した。ボイジャー一号も二号も地球に帰ることはもうない。

太陽系を去っていくこの四つの探査機は、広い広い宇宙を、長い長い年月ひたすら飛び続ける。でも、その間もしかしたら宇宙人が見つけてくれるかもしれない。そこで、四つの探査機には、宇宙人へのメッセージがつんである。パイオニア十、十一号には絵のメッセージが、ボイジャーには、歌や地球上のいろいろな音が録音されたレコードが載《の》っている。パイオニアの絵とボイジャーのレコード。そのどちらのメッセージも提案したのはカール・セーガンだ。四つの探査機がはるか宇宙の旅を続けている。いつの日か、見つけてくれる宇宙人に会うことができるのだろうか？

　さて、人間が太陽系の外にも探査機《たんさき》を送り出すことができるのだから、宇宙人《うちゅうじん》のほうも、もしかしたらこちらに探査機を送りこんでいるかもしれない。最初にこの考えを発表した科学者の名前から「ブレイスウェル探査機」と呼ばれる、宇宙からの探査機。よその星の宇宙人に見つけてもらうには、電波などでメッセージを発信するより探査機のような「物」を送るほうがいいはずだ、という論文も「ネイチャー」に出されている。宇宙人が自分たちの存在《そんざい》をアピールするために送ったのではなくて、こっそり偵察《ていさつ》をするための探査機が地球の周囲にきているかもしれない。私たちは気がつかないだけで、実は地球は観察されているのだろうか？　もしそうだとすれば、宇宙人からの探査機はどこにあるのだろうか？　天文学的に考えると、地球のちかくに、実は探査機がきていそうな場所がある。そこを写真に撮《と》ってブレイスウェル探査機がきていないか調査した人たちがいる。調査にはカリフォルニア大学の七十六センチ望遠鏡やキットピーク国立天文台の六十一センチ望遠鏡などが使われた。

レーザー光線をキャッチする

一九五八年、アメリカの物理学者アーサー・ショーローと彼《かれ》の義理《ぎり》の兄、チャールズ・タウンズは、レーザー光線の原理を考えた。その二年後に別の物理学者が、レーザー光線の発信に成功した。ショーローとタウンズは、後にノーベル賞を受賞する。

テーマパークなどでレーザー光線を使ったショーを見たことがあるだろうか？　赤や緑のビーム状に出ているきれいな光がレーザー光線だ。ふつうの光、たとえば太陽や星、車のヘッドライト、懐中電灯《かいちゅうでんとう》、ロウソクからの光は進んでいくと広がってしまう。それにたいしてレーザー光線は、ビーム状に進んでいって広がらない。ただし、レーザー光線は、赤や緑など、あるひとつの色しか出すことができない。

レーザー光線実現の翌年《よくねん》、つまり一九六一年に、シュワルツとタウンズは宇宙人が宇宙空間に放射《ほうしゃ》するレーザー光線を探すＳＥＴＩの方法もある、という論文を「ネイチャー」で発表した。

現在、地球で最強のレーザー光線は、アメリカの原子核《げんしかく》に関する研究をしているある施設が出せるものだ。そのレーザーの威力《いりょく》をワット数でいうと、一ペタ（一の後に〇が十五つく桁《けた》）ワットになる。近畿《きんき》地方全体に百ワット電球をすきまなくならべて、いっせいに点灯するエネルギーに匹敵《ひってき》する。もし仮《かり》に宇宙人《うちゅうじん》が一ペタワットのレーザー光線を夜空にむかって打ち出したとしたら、その光は一〇〇〇光年先の星までとどく計算になる。だから、もし地球人と同じレベルの宇宙人がいたら、地球にむけてレーザー光線を打っているかもしれないのだ。

この想像もできないほど強烈《きょうれつ》なレーザー光線は、現在の科学技術ではとても短い時間しか出すことはできない。しかし、いいかえれば、これはきわめて短い時間に多くの光子をまとめて打ち出すことができるということになる。

仮に、宇宙人が一ペタワットのレーザー光線を、一ナノ（十億分の一）秒間打ち出してくるとしよう。

たとえば、地球から一〇〇〇光年はなれた星であれば、一ナノ秒間にはレーザー光線からの光子が十個程度、なゆたの二メートルの主鏡に入ってくる。一ナノ秒で考えると、母星（地球であれば太陽にあたる、その惑星《わくせい》が公転をしている恒星《こうせい》）からの光子は、すべての色をふくめても、レーザー光線からの光子の約十万分の一にしかならない。つまり、十億分の一秒間という短い時間で考えると、レーザーからの光子は十個程度とどく。いっぽうで、母星からの光子は、すべての色で考えても、限りなくゼロにちかい。しかし、十万分の一秒もたつと、母星からの光子も合計で数個ほどに追いついてくる。それ以上だと母星からの光子がふえてしまうので、レーザーからの光子と区別がつかない。レーザーは、短い時間しか出せないけれど、短い時間に区切って観測すればわかる。短所を長所にして考えるわけだ。

シュワルツとタウンズはアメリカ人なのだが、実際の観測《かんそく》はアメリカではなかなかおこなわれなかった。地上の天文台で最初に宇宙人からのレーザー光線探しを実行したのは、実は旧ソビエトだった。一九七〇年代からだ。一九九〇年になるとアメリカでも、カリフォルニア大学、プリンストン大学などでフォトマル法での観測がおこなわれてきた。建設がはじまったハーバード大学の宇宙人探し専用望遠鏡もこれが目的だ。オーストラリアやチェコでもおこなわれている。ふつう、ＯＳＥＴＩというと、ここで説明したような宇宙人からのレーザー光線をキャッチする目的でおこなう観測のことをいう。

ダイソン球を見つける

最後に、ダイソン球を見つける方法だ。

この方法は正確にいうとOSETIではない。赤外線で宇宙文明を見つける方法だからだ。でも、赤外線の望遠鏡は光学望遠鏡とほとんど変わらないし、なゆたにも赤外線カメラがあるので紹介《しょうかい》する。

太陽が放射《ほうしゃ》しているエネルギーのうち、地球は何パーセントを受けとっているのだろうか？　実は、たったの二十億分の一なのだ。もったいないと思わないだろうか？　アメリカの有名な物理学者フリーマン・ダイソン博士もそう考えた。太陽をすっぽりおおってしまうような球状の巨大《きょだい》な建造物をつくって、太陽のエネルギーを百パーセント利用したらどうだろう。いっそのこと、そこに移住したら、人口がふえてもこまることはない。もしかしたら地球よりずっと文明が進んでいる宇宙人は、もう、そうしているかもしれない。一九六〇年、ダイソン博士は「サイエンス」という科学雑誌《ざっし》でそう発表した。この論文は一ページの短いものなのだが、私は読んでいてわからない単語が出てきた。辞書をひくとそれは、経済学の用語だった。科学の雑誌を読んでいて経済学用語が出てきた初めての経験だった。

　ダイソン博士の考えた巨大建造物は、やがてダイソン球と呼ばれるようになった。ダイソン球に住んでいる宇宙人が文明活動をすると、そこからは廃熱《はいねつ》が出てくる。熱は赤外線に変わる。ダイソン球が出す赤外線の波長は予測できる。光では見えないけれども、ある波長の強い赤外線を出しているものがあったらそれはダイソン球の可能性があるのだ。でも星が見えないので、そのままではどこを探していいのか見当《けんとう》がつかない。そこで、建造物が星を全部おおっていない場合、つまり、星の光が見えるものを探す。これなら望遠鏡をむけることができる。このような場合は光や赤外線の出方は、ふつうの星とはちがったものになると考えられるからだ。

　一九八〇年にウィッテボーンがアメリカの一・五メートル望遠鏡で初めてダイソン球探査をおこなった。その後も、いくつかのチームがダイソン球の発見をねらった観測《かんそく》をおこなっている。実は日本でもチャレンジした天文学者たちがいる。東海《とうかい》大学（当時）の寿岳潤《じゅがくじゅん》博士らのグループだ。神奈川《かながわ》県の宇宙科学研究所《うちゅうかがくけんきゅうじょ》と北京大学に所属する天文台の赤外線望遠鏡が使われた。

　さてそれでは、なゆたではどのような観測ができるのだろうか。

「エミーの式」

　なゆたではどのようなOSETIができるのだろうか？　なゆたが完成するまでの間、私はこの問題にとりくんでいた。論文を読んだり、計算したり。関心のある研究員仲間を集めて勉強会をひらいたり。天気のいい日は、みんなを天文台公園の中の林にさそって勉強会をしたこともあった。木もれ日の下で意見をかわした。小鳥も何か意見をいいたそうに、さえずっていた。

　核廃棄物《かくはいきぶつ》の兆候《ちょうこう》を探す方法だが、計算するとかなりの廃棄物を母星に捨《す》てないとわからない、という結論が出た。なゆたには赤外線カメラがつく予定だったので、ダイソン球を探すことも可能だ。ところが、母星をつつみこむような巨大建造物《きょだいけんぞうぶつ》をつくる高いレベルの文明は、存在《そんざい》したとしても数が少ないかもしれない。では、レーザー光線をキャッチする方法はどうか。これは地球レベルの文明を探すのだから、この点では説得力がある。レーザー光線からの光子《こうし》を観測《かんそく》するにはフォトマル法を使えばいいので、星の明るさを精密《せいみつ》に測定《そくてい》することを専門《せんもん》としてきた私にはもってこいだった。ところが、宇宙人《うちゅうじん》が出してくるレーザー光線は、一ナノ秒というとても短い時間を想定している。このような短い時間の間隔《かんかく》で光子を測定できなくてはならない。なゆたにはそこまで高性能の機械がつく予定はなかった。なかなかこれだ、という方法が見つからなかった。

新天文台が完成して、旧天文台から引っ越し作業がおこなわれた。このために、旧天文台の図書室が三階から一階に変更《へんこう》となった。私たちは、たくさんの学術雑誌《がくじゅつざっし》の移動作業をした。雑誌はたくさんあるので、この作業は何日も続いた。そんなある日、私は新しい図書室の大きな本だなの前に脚立《きゃたつ》をたて、同僚《どうりょう》が手わたす雑誌を本だなにいれる作業をしていた。この作業中に偶然《ぐうぜん》、ある雑誌の表紙が目にとまった。天文学の有名な学術雑誌は、表紙に目次が書かれているものが多い。それは、太平洋天文学会が発行している雑誌の二〇〇二年四月号だった。タイトルを訳すと、「OSETI：近くの星からのレーザーをスペクトルに探す」。著者はエミー・レイネスとジェフリー・マーシーだった。

今までレーザー光線をキャッチする方法は、フォトマル法とばかり思っていたのだが、実は星のスペクトルを調査する方法もあったのだ。つまり、光を一粒《つぶ》一粒数えるのではなく、光を虹《にじ》にわけ、その中にレーザー光線の兆候がないか探すのだ。

私はレイネスとマーシーの論文を読んで勉強した。ハワイのマウナ・ケア山にある世界最大の光学望遠鏡、「ケック」。彼女《かのじょ》たちは、このケック望遠鏡で観測《かんそく》した星のスペクトルに宇宙人《うちゅうじん》からのレーザー光線がキャッチされていないか調査したのだ。前の章でもふれたように、レーザー光線はあるひとつの色しか出すことができない。そこで星の光を虹《にじ》、つまりスペクトルにすると、宇宙人からのレーザー光線がわかるかもしれない。もし宇宙人がある波長のレーザー光線を送ってくると、その波長に対応している光だけが強くなるからだ。

かんたんにいうと、もし宇宙人が赤いレーザー光線を送ってきたら、スペクトル上の赤いところだけがかがやくのだ。星の光の場合には、レーザー光線のようにあるせまい範囲の波長だけがかがやくということはない。もしそのようなスペクトルが見つかったならば、宇宙人の可能性が高まる。

このアイデアは以前から考えてはいたのだが、レイネスたちは一歩進んでいた。地球の望遠鏡でレーザー光線をキャッチできるとすれば、宇宙人はどの程度のエネルギーで打ってくればいいのかということまで考えていたのだ。彼女たちが、そのエネルギーを計算するのに導《みちび》いた公式は、まさに宇宙人探査方程式《ほうていしき》とでもいうべき式だ。私はレイネスのファーストネームから「エミーの式」と呼ぶことにしている。なゆたのテーブルの上におかれる可視光分光器《かしこうぶんこうき》がつくるスペクトルに、宇宙人からのレーザー光線を見つけることはできるか？　エミーの式で計算してみた。いくつか仮定があるのだが、もし宇宙人が十ペタワットのエネルギーで発信すれば、なゆたでも明らかにレーザー光線としてキャッチできることがわかった。前の章で、地球人が発信可能な最強のレーザー光線は一ペタワットで、フォトマル法ならキャッチ可能だと説明した。現在ではまだたりないかもしれない。しかし、これまでのレーザー技術の進展から考えると、数年後には実現が可能だと思われる。地球人ができるのだから、彼《かれ》らも同じことをやるかもしれない。つまり、なゆたで探査する宇宙人は、地球人レベルということになる。なゆたでのＯＳＥＴＩの方針《ほうしん》が見えてきた。

なゆたがオープンして半年がすぎた二〇〇五年六月、新潟市《にいがたし》で「生命の起源《きげん》と宇《う》宙《ちゅう》生物学国際会議」が開催された。私はなゆたで計画しているＯＳＥＴＩについて発表した。あとは可視光分光器の調整が終わるのを待つだけだった。

みんなで探そう宇宙人《うちゅうじん》

二〇〇五年の秋、可視光分光器《かしこうぶんこうき》の調整が終了して本格的な観測《かんそく》ができるようになった。そして九月七日、私はなゆた望遠鏡をかんむり座《ざ》ロー星にむけた。五十六光年先の星だ。分光器担当の研究員と彼《かれ》をサポートしてきた大学院生が分光器の設定をする。

「中心波長は五三二〇・七オングストロームにセット」

もうひとりの研究員が、後ろでソワソワと心配そうにしている。

「落ちつけよ。大丈夫だから」

私が彼をなだめる。でも本当は自分自身にいい聞かせているのだ。アルバイトの方にはことのなりゆきをビデオで記録してもらっている。私たちにとっては今夜は歴史的瞬間《しゅんかん》となるからだ。制御室《せいぎょしつ》には通信社の記者がひとりなりゆきを見守っていた。

やがて、ディスプレイにこの星のスペクトル（虹《にじ》）が表示される。そして拍手《はくしゅ》が鳴りひびいた。なゆたでのOSETIがはじまった瞬間。日本で最初のOSETI

がはじまった瞬間でもある。記者がすぐに本社に電話をした。このニュースは全国に配信された。

「レーザー光で宇宙人探そう　兵庫《ひょうご》の天文台　観測開始」

「宇宙人探し出すぞ　手がかりのレーザー光線　光学望遠鏡でキャッチ」

「とらえろ緑色レーザー　宇宙人からの信号　光学望遠鏡で探査《たんさ》」

翌日《よくじつ》の新聞には、このような見出しの記事が載《の》った。私は、カール・セーガンへの恩返しができたように思えて、うれしい気持ちでいっぱいだった。

十一月四日からは、いよいよ一般《いっぱん》の方も観測に参加した。私が待ち望んでいた日がきたのだ。

ＯＳＥＴＩを最初に体験したのは三人の少年とその家族だった。一般の方が研究観測の体験をするという企画《きかく》を最初に考えた同僚《どうりょう》も見学にきた。十年間、観望会《かんぼうかい》をしてきて一般の方に星を見てもらうことにはなれていた私だが、この日はさすがにハラハラしていた。天文台に初めてきた少年たちが国内最大の望遠鏡を動かして、分光器の操作《そうさ》をするのだ。私たちにとっても初めての経験だ。こちらのミスで動かなかったら、せっかくきてくれた参加者に申し訳ない。

さいわいにしてトラブルもなく、少年たちは熱心にＯＳＥＴＩを体験してくれた。私たちの説明もちゃんと聞いてくれ、満足して帰ったようだ。

何日かすると、天文台にハガキがとどいた。参加したひとりの少年からだった。

「鳴沢《なるさわ》さんへ。この間はいろいろなことを教えてくださってありがとうございました。見たことすべてに感動しました。またぜひ遊びにいきたいです」

＊

その後も月に一、二回の割合で一般《いっぱん》の方々にＯＳＥＴＩを体験してもらっている。

少年が露光《ろこう》開始のボタンをおすと、すぐに私は次の作業の説明をする。

「このディスプレイを見て。たてに黒い線があるでしょ。これは虹《にじ》をつくる箱の中に星の光をいれこむ窓《まど》なんだよ。この線の真ん中にいつも星がくるようにしてほしい。なゆた望遠鏡は星の動きにあわせて精度《せいど》よく動いているんだけど、微妙《びみょう》にずれることがあるからね。ずれたときは……」

私は少年にいくつかのボタンがついたハンドセットを手わたす。たとえるなら、テレビゲームのコントローラーに似た装置《そうち》である。

「これで望遠鏡を少しずつ動かして、星を黒い線のど真ん中にもどしてほしいんだ。

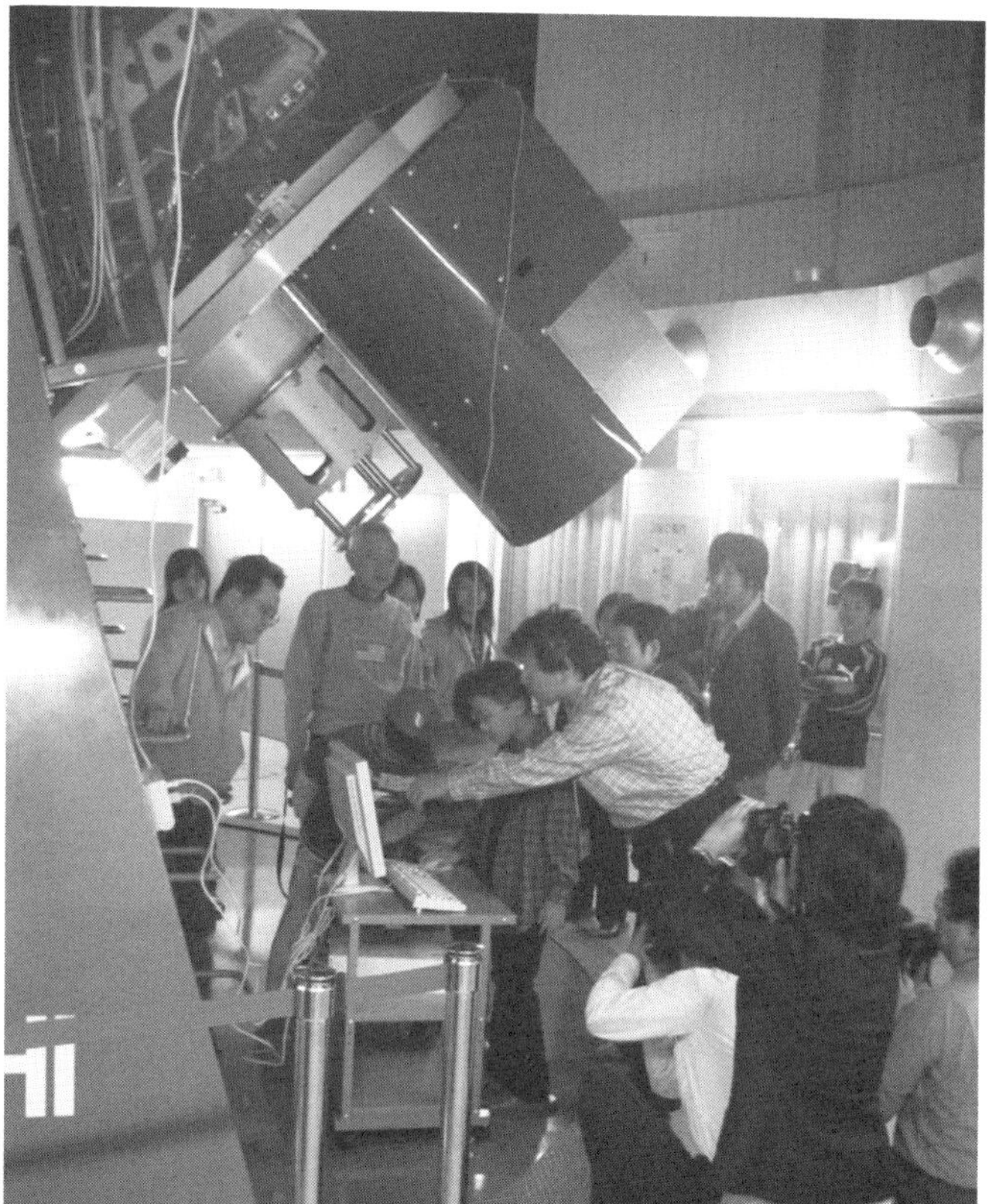

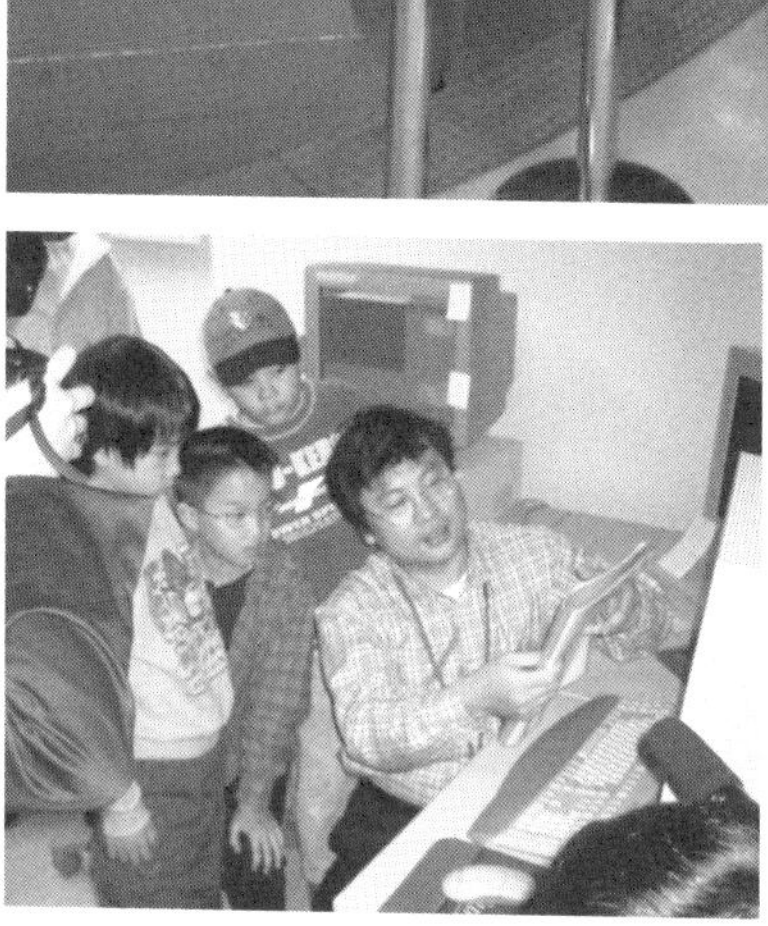

▲初の一般参加OSETI

◀「なゆた」がとったスペクトルに、レーザーの兆候がないかチェックする。

このボタンをおすと……ほら、こっちへ動くだろ。こっちのボタンをおすと、反対に動く。そして、これとこのボタンをおせば、今の動きと直行する方向に動くからね。いいかい。なるべく星が線の真ん中にあったほうが、質のいいデータがとれるからね。重大な任務だぞ。星をにがすなよ」

「緊張《きんちょう》するー」

そういいながらも、少年はすでにコントローラーのボタンをおして、なゆた望遠鏡の動きを確かめている。

「いい感じだ。虹《にじ》の撮影《さつえい》が終わるまで目をはなすんじゃないぞ」

しばらくすると母親がディスプレイをのぞきこみながら少年にいう。

「ちょっと右側にそれてるんじゃない？　しっかりやってよ」

「わかってるよ」

少年はディスプレイを食いいるように見つめ、必死に星を黒い線の中央にもどす。その真剣《しんけん》なまなざしは、すでに一人前の天文学者である。ボタンをおすたびに、日本最大の望遠鏡が少しずつ動いているのだ。このひとりの少年の手によって。

となりの観測室は真っ暗。「キーン」という音がするだけだ。これはなゆたを動かすモーターが発しているもの。

少年がハンドセットのボタンをおすたびに、なゆたはほんのわずかに動いているのだ。

四十光年の宇宙空間を旅してきた光がこの観測室にふりそそいでいる。なゆたに入った光は、望遠鏡内の三枚の鏡で次々と反射《はんしゃ》され、可視光分光器《かしこうぶんこうき》に送りこまれる。この複雑な装置《そうち》の中で星の光はスペクトル、つまり七色の虹《にじ》となる。今は液体窒素《えきたいちっそ》により冷却《れいきゃく》されたCCDカメラによってそのスペクトルが撮影《さつえい》されている途中だ。カメラで撮影している視野《しや》の中央には、スペクトルの中でも緑色の光があたるように設定されている。宇宙人が打ち出してくると想定しているレーザー光線の色である。暗闇で確認はできないが、カメラからは水蒸気《すいじょうき》が冷やされて白い雲となり、けむりのように出ているはずだ。

作業になれてきた少年がいった。

「これってけっこう、おもしろいかも……」

「そうか。それはよかった。今夜、きみには十分間だけ露光《ろこう》してもらうけど、ボクらはこれを朝まですることもあるんだよ」

▲ＯＳＥＴＩの様子。レーザー光線は見つかるかな……。

「ひゃー。それはたいへんやねえ」

母親がおどろきと同情のまじったような声をあげる。

「ところで、きみは宇宙人《うちゅうじん》がいると思う？」

「うーん。わからないけど……たぶんいるんじゃないかなあ」

「たぶんいるやろな。星の数ほど星はあるから、きっとどこかにはいるんやろなあ」

父親も語る。

「天文学者もたいていはそう考えてます」

ここで私はＯＳＥＴＩについてのあらましをあらかじめ準備しておいたプリントを見せながら家族に説明する。アメリカの一流大学などでＯＳＥＴＩが実際におこなわれていること。現在の地球人が出せる程度のレーザー光線を宇宙人が地球にむかって打ち出せば、なゆたでも検出可能《けんしゅつかのう》なこと。宇宙人が打つと想定しているレーザー光線の波長について。ターゲットの星はどのようにしてえらんだのか。レーザー光線の説明をするときは、レーザーポインターを使って実際にレーザー光線を出しながら語る。てのひらサイズの簡単な分光器《ぶんこうき》を家族にわたして蛍光灯《けいこうとう》などをのぞいてもらい、そこにできる虹《にじ》を見てもらう。これはなゆたの分光器《ぶんこうき》でスペクトルをつくる原理を説明するときである。

ちょうど話がもりあがったころ、露光《ろこう》時間が終わりにちかづく。

「さあ、あと一分ほどでいよいよ虹の撮影《さつえい》が終わるからね。そしたら、今度はこちらのディスプレイに虹が出てくるよ。もし、宇宙人《うちゅうじん》からのレーザー光線がきていれば、こんな感じになっているはずだからね」

準備しておいたプリントには、レーザー光線が検出された場合の想定スペクトルが描かれている。

「もしも今夜、レーザー光線を本当に受けたらどうするか？　実はね、一九八〇年代から関係者が検討を重ねて、宇宙人からの信号を受けた場合について方針《ほうしん》が決まっているんだ。ボクたちもその方針にしたがいますからね。まず、あやしい信号を受けたら、本当に宇宙人が出したものと証明されるまで一般《いっぱん》の人には公開してはいけないんです。だからもし、今夜レーザー光線らしき兆候《ちょうこう》があっても、学校に帰って友達にペラペラしゃべってはいけないよ」

私が口にひとさし指をあてながらいうと、少年がうなずく。

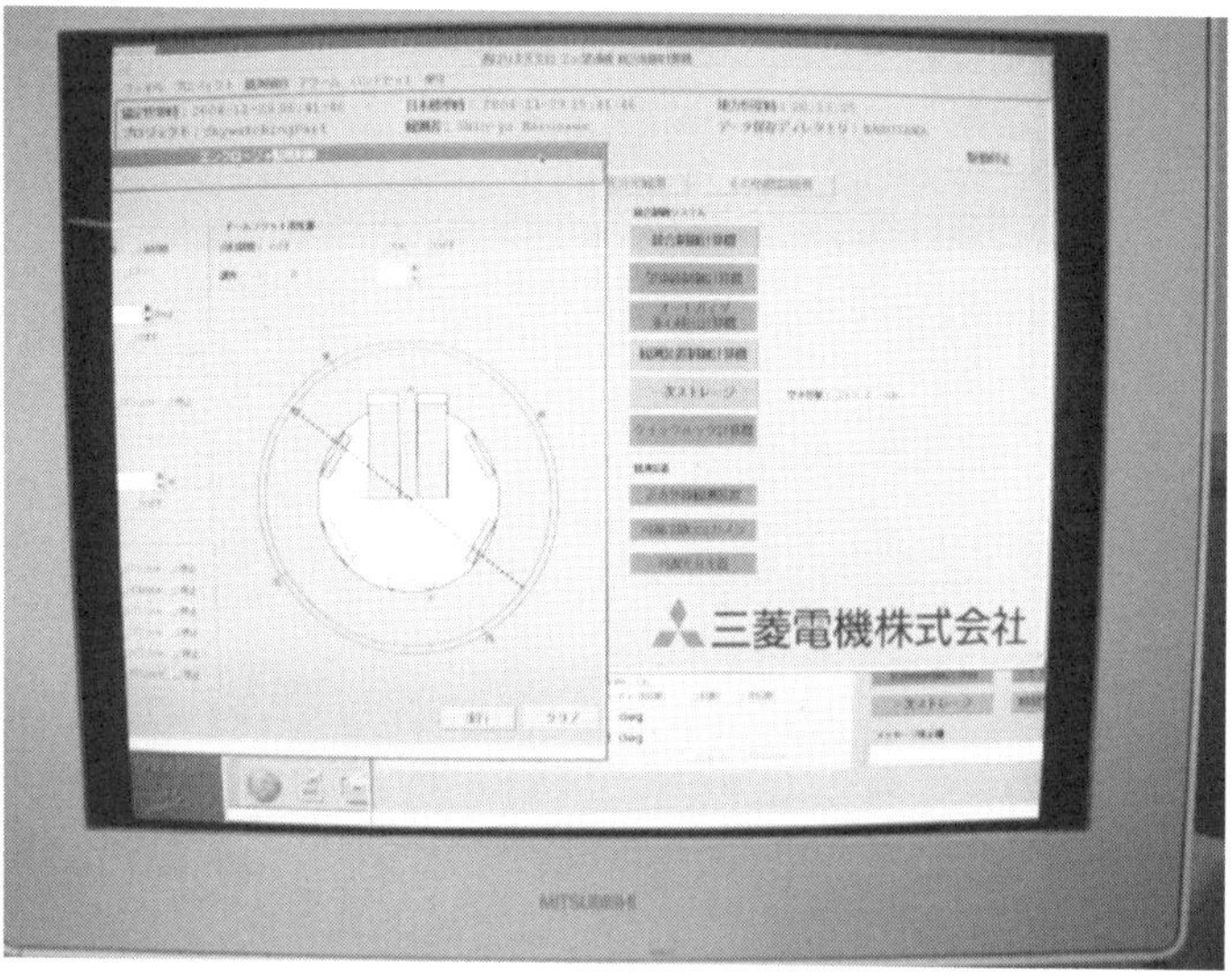

▲なゆたの制御画面

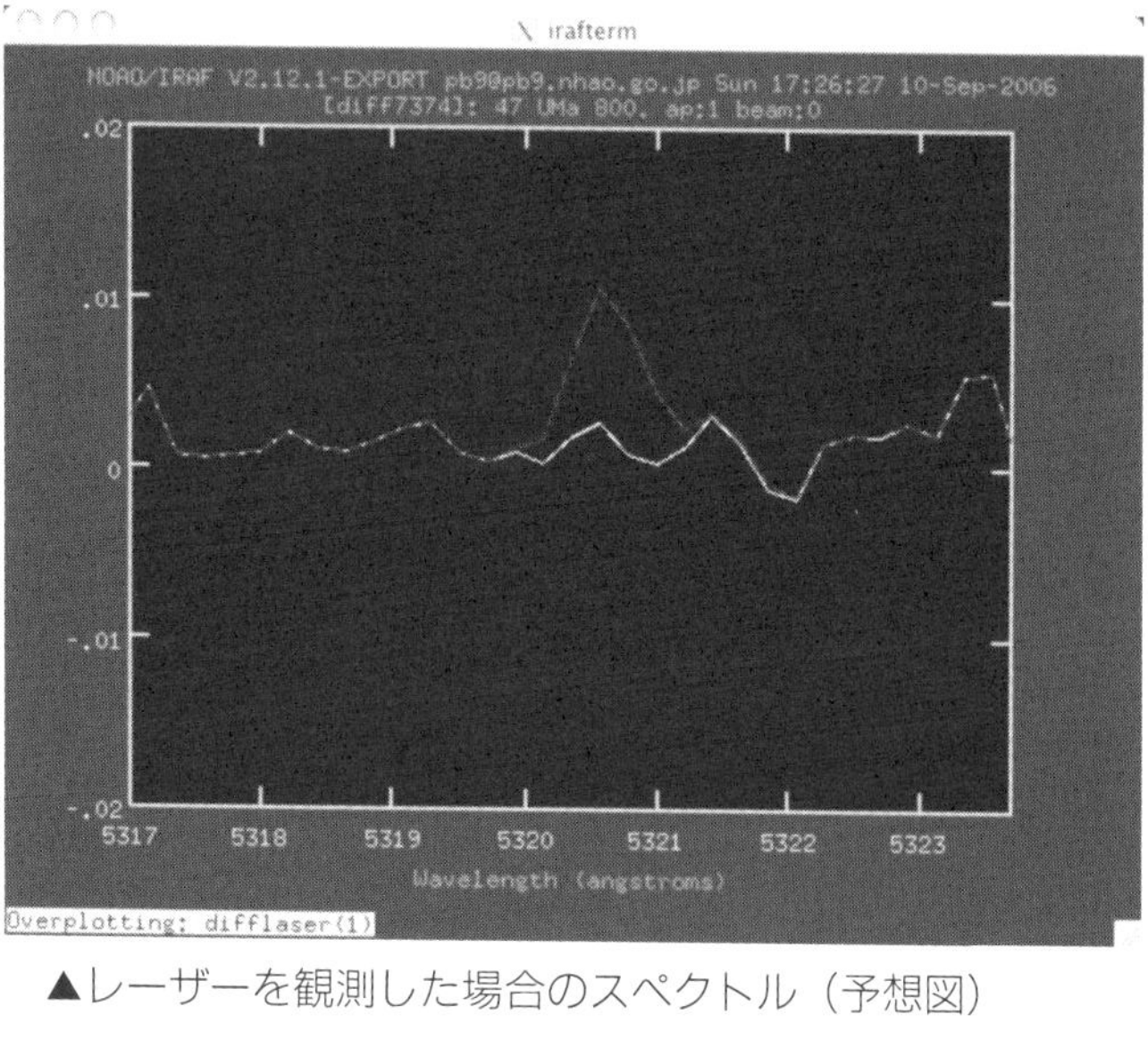

▲レーザーを観測した場合のスペクトル（予想図）

「いい？　だいじょうぶ？　約束できる？」

「はい」

「しゃべったらあかんで」

母親も念をおす。

「ピピピー、ピピピー」

このとき、スペクトルの撮影《さつえい》終了を知らせるアラームがなる。

「露光《ろこう》終了！　さあ、虹《にじ》を確認だ。レーザーがきたかな？」

私がスペクトルを表示させる。

「うわー。ドキドキしてきた」

そういう少年も、そして両親も身を乗り出してコンピュータの画面に注目する。

スペクトルの確認作業が終了すると、次の参加者と交替《こうたい》する。一晩《ばん》に二、三組が体験する。参加するのは、家族づれがほとんどだが、高校の天文部の方々もきたし、友の会の会員さんも若い女性のグループもチャレンジした。カール・セーガンのファンという女性も参加してくれた。子どもより夢中《むちゅう》になって体験してくれる親もいる。ときにはテレビ局のリポーターが体験することもある。

星のスペクトルの撮影《さつえい》が終了すると、ただちにディスプレイにスペクトルが映し出される。まずは、ここでレーザー光線がキャッチされていないか、体験者と確認する。みなさんが一番ハラハラドキドキする瞬間《しゅんかん》だ。ここでは判定できないような弱いレーザー光線がきているかもしれない。データをきちんと処理《しょり》してくわしく調べる必要がある。これは時間のかかる作業なので、私が翌日《よくじつ》研究室でおこなっている。

ここで私たちがどのようにしてターゲット、つまり宇宙人《うちゅうじん》がいそうな星をえらんだか、説明しよう。

一九九五年にペガスス座《ざ》五十一番星に惑星《わくせい》が発見された。これがきっかけで太陽系外の恒星《こうせい》に次々と惑星が発見された。この本を書いている時点で二百ちかい惑星が見つかっている。*ちなみに現在の技術では、さいわいなことに、太陽に似ている恒星に惑星を見つけやすいのだ。ただ、見つかっているものは残念ながら、どれも生物がすめないような惑星だと考えられている。しかし、惑星をしたがえている恒星だから、そこにはまだ見つかってはいないが、地球に似ている惑星もあるかもしれない。そこには生物にとって最も大切な液体の水が存在《そんざい》している可能性がある。

*二〇一三年十一月現在は千四十個見つかっていて、中には地球と同じサイズで海の存在の可能性を持つものまで発見されている。

そこにもし生物がいたとしても、知的生物まで進化するには数十億年の歳月《さいげつ》が必要だろう。地球に生命が誕生《たんじょう》して、文明をもつ生物、人間に進化するまでに数十億年かかっているからだ。すでに惑星《わくせい》が見つかっている恒星《こうせい》に、地球に似ている惑星があって、それが数十億年間母星の周囲を公転《こうてん》していられるかコンピュータで計算した研究者がいる。その惑星には、その長期間ずっと液体の水が存在《そんざい》したまま、という条件《じょうけん》もつけた。このテストにきちんと合格するものは四分の一ほどだ。

その中から、私はさらに三つの明るい星をえらんだ。私たちは朝まで観測《かんそく》することには慣れているが、みんながそうとはいかない。小さい子どももづれの家族もいる。一度にスペクトルを撮影《さつえい》する時間はだいたい十分が目安だ。エミーの式から計算すると、なゆたでレーザー光線がキャッチできそうな星は、六等星より明るい星になる。六等星は裸眼《らがん》で見える一番暗い星だが、なゆたにとっては明るい星だ。こうして決まったのが、かんむり座《ざ》ロー星、ペガスス座五十一番星、かに座五十五番星だ。春から夏はかんむり座ロー星を、秋から冬はペガスス座五十一番星を、そして冬から春にはかに座五十五番星を観測《かんそく》する。

なゆたで使っている可視光分光器《かしこうぶんこうき》はOSETIなどで使うときは、赤から紫《むらさき》までの可視光スペクトルを一度に観測することができない。たとえば、水色から黄色にかけてが一度に調査できる範囲《はんい》だ。だから、宇宙人が打ってきそうなレーザー光線の波長を前もって予想しておいたほうがいい。私たちがねらいを定めている波長、五三二〇・七オングストロームは和歌山《わかやま》県の下里水路観測所《しもさとすいろかんそくじょ》でも打ち出しているY《ヤ》AG《グ》（Y：イットリウム、A：アルミニウム、G：ガーネットの三種類の物質の結晶）レーザーと呼ばれるレーザーの波長だ（P．178コラム参照）。正確にいうとYAGの中でも最も強いレーザー光線の波長。なぜYAGか？　それは前の章でも説明したように効率よく、高い出力で出せるレーザー光線だからだ。地球人がするから彼《かれ》らも同じことをする。太陽に似ている恒星を母星とし、技術のレベルも地球人と同じ、私たちはそういった宇宙人を想定しているからだ。

　私たちの分光器は、緑色に一番感度がいいことも、この波長をえらんだもうひとつの理由だ。

宇宙人《うちゅうじん》Q&A

なゆたでOSETIがはじまると、いろいろな質問を受けるようになった。よくある質問やそれについての私の考えをここでも紹介《しょうかい》しようと思う。ここでいう「宇宙人」とは、もちろん地球人以外の知的生命のことだ。

Q. なゆたで、UFOを見つけているのですか?
A. いいえ。私たちは、UFOを見つけているのではありません。

Q. 火星人は見つかりますか?
A. 火星は私たちのターゲットではありません。太陽系の惑星《わくせい》や衛星《えいせい》には、宇宙人は存在《そんざい》していないと考えられます。火星にはもしかしたら生命がいるかもしれませんが、いたとしても下等なものでしょう。知的な生物つまり火星人が存在していると考えている天文学者は、まず、いません。

私たちのターゲットは、太陽系外の惑星です。

Q．宇宙人は本当にいるのですか？

A．それはだれにもわかりません。私は、宇宙人の存在については、肯定《こうてい》も否定《ひてい》もしません。もし「宇宙人はいる」と断言《だんげん》する人がいたら、それは科学的ではありません。反対に「宇宙人は絶対いない」と根拠《こんきょ》もなくいっている人がいたら、それもやはり科学的ではありません。存在するかどうか、わからないからこそ私たちは探しているのです。議論しているだけではなく実際に探しはじめよう、というのが私の意見です。

にごっている池があるとしましょう。そこに魚がいるか、岸でどんなに議論していても答えはえられません。答えを知るためには、まず釣《つ》り糸をたれてみる必要があるでしょう。池に魚がいたとします。最初につけたエサは、その池にいる魚は食べないかもしれません。でも、ほかのものだったら……。このように、何かをはじめなければ、答えはいつまでたってもえられないままですよね。

ほとんどの天文学者は宇宙人はいてもおかしくない、と考えています。では、宇宙人が存在している星がいくつあるのか？　と聞くと、その数については科学者によってはばがあります。カール・セーガンは天《あま》の川《がわ》銀河《ぎんが》に宇宙人《うちゅうじん》の存在《そんざい》する星が百万あるといっています。はじめてＳＥＴＩをおこなったフランク・ドレイクは一万、ポール・ホロウィッツの予測は一〇〇〇です。銀河系には人間のほかに存在しないと見つもっている人もいます。

Q．宇宙人はどんな姿をしていますか？

A．私たちが望遠鏡を直接のぞいてみて宇宙人を探していると思っている方がいるようですが、そうではありません。相手がどのような姿をしているのかは、見つかるまではわかりません。それに、いろいろな星に宇宙人がいるとすれば、星によって姿形もさまざまかもしれません。

　私たちが想定しているのは、太陽に似ている星を母星としている地球人と同じレベルの宇宙人ですので、やはり人間に似た姿をしているかもしれません。

Q．宇宙人は地球にきていますか？

A．宇宙人が地球にきている「可能性」は否定《ひてい》できません。でもこれは可能性がある、ということにすぎません。「宇宙人が地球にきている」あるいは「過去に地球にきたことがある」と多くの人が納得《なっとく》してくれる証拠《しょうこ》はいまのところありません。

Q. なゆた望遠鏡から出したメッセージ、返事はきますか？

A. なゆた望遠鏡からレーザー光線を出して宇宙人にメッセージを送っているわけではありません。なゆた望遠鏡は、レーザー光線を打ち出すことはできません。宇宙人が放射《ほうしゃ》してくるレーザー光線を、なゆた望遠鏡でキャッチしようというのが、私たちの目的です。ただ、将来的には地球からもレーザーを発信したいと思っています。

Q. なゆたで宇宙人からのレーザー光線を本当にキャッチしたら、どうするのですか？

A. 一九九〇年、フランスでSETIに関する国際会議がひらかれました。この会議で、あやしい信号を観測《かんそく》したときの方針《ほうしん》が決まりました。私たちもそれにしたがおうと思っています。とても大切なことですので、要点を解説しておきます。

「それらしい信号を観測《かんそく》したら、本当に宇宙人《うちゅうじん》が出したものであると証明できるまで、くわしく調査をおこなう必要があります。まちがいなく宇宙人だと断言《だんげん》できるまでは、一般《いっぱん》の方には知らせてはいけません」

一般の方には、秘密《ひみつ》にしておかなくてはならないのです。もしまちがいだったら、たいへんですからね。

「調査しても、宇宙人かどうか判断できなかった場合は、未知の現象として、一般の方にも知らせてもいいです」

Ｗｏｗ！信号やＭＥＴＡ領域（Ｐ．123コラム参照）からの電波を思い出しますね。西《にし》はりま天文台からも、こういったニュースが出されるかもしれません。

「一般の方に知らせる前に、世界中のSETI研究者にもすぐに連絡してください。世界中で確認のための観測がおこなわれるでしょう。発見した人は、関係する国家の当局に連絡してください」

この文章は気になります。日本の場合は、どこに連絡したらいいのでしょうか？日本の天文学者の間で、これは相談してきちんとしておいたほうがいいかもしれません。

「まちがいなく宇宙人であるとわかったときは、世界中の天文学者に知らされます。国連事務総長にも連絡がいきます。かくさないで、一般の方にもすぐに知らせなくてはいけません」

宇宙人と証明できたら、今度は一般の人に秘密《ひみつ》にしておいてはいけないのです。一般の方は知る権利を持ちます。なゆたで最初に発見されたら、西はりま天文台で記者会見がおこなわれると思います。

「宇宙人に返事をするかどうかは、世界中の代表者が集まって決めます。それまでは、かってに返事を出さないでください」

返事をするのか、無視《むし》するのか、それともしばらく様子《ようす》を見るのか。この会議で結果が出されることでしょう。

なゆたのOSETIに参加する方にも、観測をはじめる前にこれらのことを説明し、守るという誓約書《せいやくしょ》にサインしてもらっています。

Q．なゆたOSETIは今後どのように広がっていくと思いますか？

A．現段階では、みなさんに体験していただく関係で、あまり長時間の観測《かんそく》はできません。そのためにターゲットは明るい星に限られてしまいます。もっと遠くの星まで探りたい、それが研究者としての私の思いです。そのためには、やはりハーバード大学でやっているようなフォトマル式のほうが有利です。その他にも何点かデメリットがあって、いずれなゆたOSETIはフォトマル式に変えたいと思っています。すでに技術的な検討《けんとう》をはじめています。

さらに私には構想があります。宇宙人からのレーザー光線は、光っている時間の関係で自然界のほとんどの光とは区別することができます。ところが、やっかいなのは宇宙線です。宇宙線というのは宇宙からふってきているある種の放射線《ほうしゃせん》です。これが地球に入ってくると、空気とぶつかり、短い時間ですが光を出します。この宇宙線の光か、宇宙人からのレーザー光線なのかを区別するためには、別の天文台でも同時に観測することが大切です。宇宙人からのレーザー光線ならキャッチされた時刻が一致《いっち》するからです。現在日本でOSETIをおこなっているのは西はりま天文台だけですが、いずれいくつかの天文台と共同で観測ができたらいいなと思っています。

さらに、こちらからも星にむけてレーザーを打ち出せないかと考えています。電波ではアレシボ天文台からM13へ、そして森本《もりもと》先生らがアルタイルにむけてメッセージを送っていますが、レーザー光線も星にむけて送ったほうがいいと思うのです。メッセージを待っているだけではなく、こちらからも発信するということです。それに一度でも、人類が星にむかってレーザーを発信したという事実ができれば、メッセージを受けるOSETIも、その根拠について、より説得力がますことになります。いろいろとむずかしいかもしれませんが、実現できたらいいなと思っています。

この原稿を書いている二〇〇六年秋の時点では、まだ、レーザー検出《けんしゅつ》の兆候《ちょうこう》はえられていない。しかし、次の観測では何かが見つかるかもしれない……その気持ちが明日へのエネルギーとなるのだ。

column

コラム　レーザー光線〜下里水路観測所《しもさとすいろかんそくじょ》

日本には、空にむかってレーザー光線を発信している施設《しせつ》がある。和歌山《わかやま》県那智《なち》勝浦《かつうら》町にある、第五管区海上保安本部・下里水路観測所だ。ここから発信されるレーザー光線は、星までとどくほど強くはないが、上空を通過する人工衛星《じんこうえいせい》にあてるくらいの強さをもっている。

下里水路観測所では、人工衛星から反射《はんしゃ》したレーザー光線をふたたびキャッチして、その往復の時間から、距離《きょり》を数センチの精度《せいど》で測定《そくてい》できるしくみをもっている。これをもとにして日本列島の精密な地図をつくるわけだ。

この観測所の機械を開発した知人に、この施設を案内してもらった。レーザー光線をキャッチする前に、レーザー光線発射の勉強をしよう、というわけだ。

観測所につくと所長さんが親切に案内してくれた。この日の夜は少しガスがかかっていたので、緑色のレーザー光線が発信される軌跡《きせき》がくっきりわかった。

このレーザー光線はＹＡＧ（ヤグ）と呼ばれるもので、イットリウム（Ｙ）、アルミニウム（Ａ）、ガーネット（Ｇ）の三種類の物質の結晶《けっしょう》を使い、もっとも効率《こうりつ》のいい、高出力のレーザーだ。実際には、ＹＡＧ

レーザーは、目には見えない近赤外線《きんせきがいせん》なのだが、そのまま発信して飛行機などにあたると危険な上、操作をするのも不便なので、ある結晶を通過させて、レーザーの波長を半分にしている。その色が、ちょうど緑色というわけなのだ。

私たちは、所長さんにＯＳＥＴＩ計画の話をして、いろいろなアドバイスをもらった。所長さんが勤《きん》務《む》しはじめた頃は、なかなか観測がうまくいかなかったそうだ。しかし失敗にもめげずに観測を続け、その後はいろいろな成果をあげたそうだ。

「ＳＥＴＩも、希望を捨てないで継続《けいぞく》してください」

所長さんの言葉が胸《むね》にしみた。

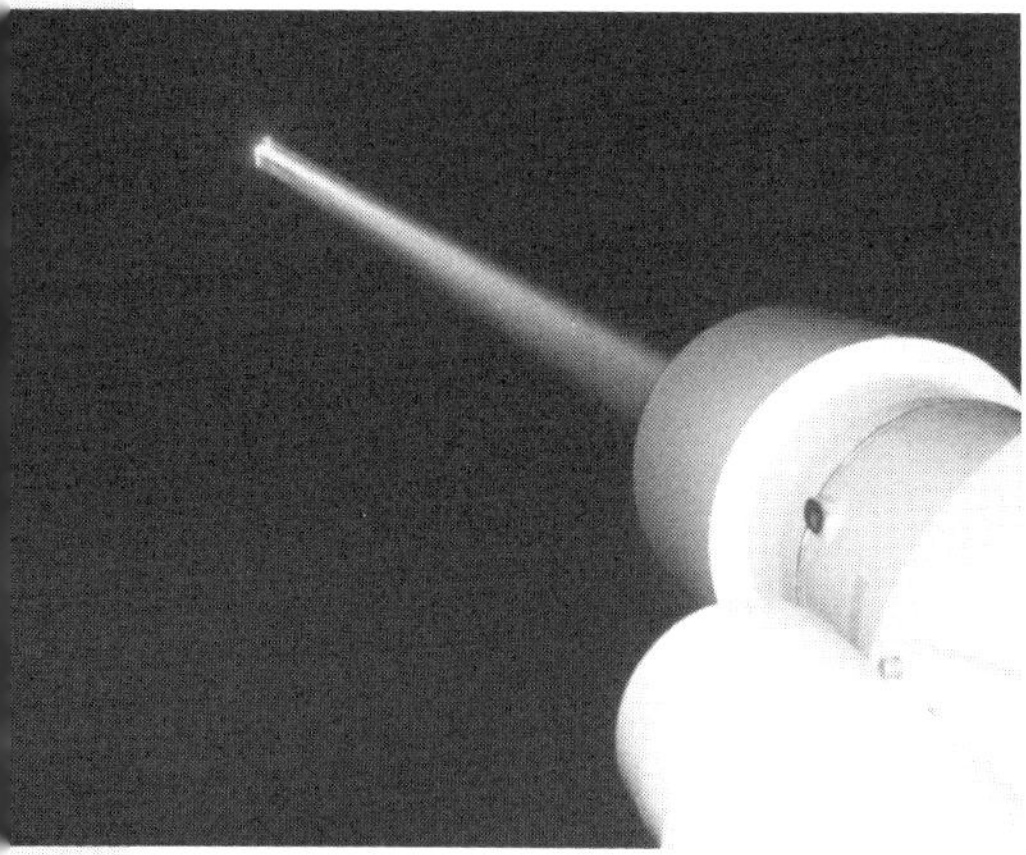

おわりに――地球という宇宙の浜辺で――

なぜ宇宙人《うちゅうじん》を探すのか

なゆたで宇宙人を発見できる可能性はある。もちろん、あるからやっているわけだ。ただし、今日か明日に発見されるかというと、その確率は高いとはいえない。発見されるその日がくるまで、私はずっとOSETI（光学的地球外知的生命探査《こうがくてきちきゅうがいちてきせいめいたんさ》）を続けたいと思っている。その日がくるのは百年後になるか、千年後になるかわからない。でも見つかるまでやりたいと思っている。そんなに生きていられないじゃないか、というかもしれない。でも、私はなゆたのOSETIが、鳴沢真也《なるさわしんや》というひとりの人間のやっているプロジェクトだとは思っていない。SETI（地球外知的生命探査）というのは、地球にすむ人類がやっている事業であると考えているからだ。人間としてのプロジェクトだ。何世代かかってもいいから、宇宙人が見つかるまで人類はSETIを継続してほしいと願っている。

もし、私が生きている間に見つからなかったら、私のOSETIは失敗したのだろうか？　答えはノー。こういったサイズの望遠鏡で、この星とこの星を、これだけの時間、この波長で探したけれど見つからなかった、これは立派《りっぱ》な成果《せいか》だ。銀河系の中に宇宙人はけっこういるわけではなさそうだ、というメドがたってくる。それに、こういったデータがつみかさなって次の観測《かんそく》につながる。そういう意味でいうと、これだってちゃんとした人類の貴重《きちょう》な遺産《いさん》、つまり文化なのだ。

もうひとつ考えてみたいことがある。宇宙人がいる星はそれほど多くないようだとわかってきたら、みなさんはどう思うだろうか？　私はこのときでさえも、意味が大きいように感じている。知的生命はいくつもの偶然《ぐうぜん》がかさならなければ存在《そんざい》できないということになるからだ。地球という星に生命が誕生《たんじょう》して、数十億年という年月をへて進化してきた人間。知能ばかりではなく、おたがいに愛しあうこともできる生命。なんと貴重な存在なのだろうか。

「あ〜楽しかった」「きてよかったー」。なゆたOSETIに参加された方は、そういって帰る。私は、参加された方に楽しかった、にくわえてもうひとつ何かを感じてほしいといつも願っている。「井の中の蛙《かわず》、大海を知らず」ということわざがある。私にいわせれば「地球の中の人間、大宇宙を知らず」ではだめだよ、だ。少なくとも地球を、私たちがすんでいる星、として見てほしいと思う。よその国のことは関係ない、ではだめだ。同じ地球人なのだ。みなさんは、どういうことに興味や関心があるだろうか？　サッカー、野球、今度の日曜日はどんな服を着ようか。そういったこともちろんいい。でも、もっと大切なことがあると思うのだ。それは、ひょっとすると宇宙人のほうが先に気がついているかもしれない。もしそうならはずかしいことだと思う。

私たちはまだ宇宙人を発見していないが、宇宙人は私たちのことをすでに知っている可能性がある。テレビの電波は、宇宙空間にもどんどん広がっていくからだ。テレビ放送がはじまって約七十年になる。もし七十光年以内に宇宙人がいたら？　そして彼《かれ》らがもし地球のテレビを見る技術をもっていたら……。彼らは人間のことをかしこいな、文明が進んでいるな、と思って見ているだろうか。残念ながら私はそうは思わない。おそらくバカにして笑っているか、悲しんでいるのではないか。

毎日、テレビに戦争や事件のニュースが流れない日はない。今だって私の目の前の画面には、ある国の少女の姿が映っている。その少女は泣いている。家族とピクニックをするためにきていたらしい。それは大切な家族との楽しい時間だったにちがいない。ところが、家族のだれかが地雷《じらい》をふんだ。爆発《ばくはつ》がおきて両親も兄弟も一瞬《いっしゅん》にして亡《な》くしてしまったというのだ。少女はたおれこんで、泣き続けていた。この少女は何も悪いことをしていないのに、どうしてこんなひどい目にあわなくてはいけないのだろうか？　しかし、これが地球上での現実なのだ。

生物学上の研究から人間の祖先《そせん》は「ミトコンドリア・イブ」といわれるひとりの女性にいきつくという研究があるそうだ。それが正しければ、現在地球上にすむ人類は、文字どおり兄弟姉妹。その人間どうしが戦争をなんどもなんどもくりかえしている。こんな地球を見ていて、感心している宇宙人がいるわけがない。

宇宙船アポロが撮影《さつえい》した地球の写真を見たことがあるだろうか？　青い地球。私はいろいろな天体の写真を見てきたが、青い地球をとても美しいと感じる。そして、それは小さな惑星《わくせい》だ。広い広い宇宙の中の小さな小さな星。私たちは、この小さくて美しい地球をいつまでも残していかなくてはならない。もちろんそこにすんでいる人間も、この地球上でいつまでも生存《せいぞん》していかなくてはならない。そして、私たちの子ども、孫、ずっとずっと先の子孫たちに、この青く小さな惑星を残していくべきだと思う。これは私たちにあたえられた権利というより、義務だ。

いつの日か、この青い星を大切に守り、そしてそこにすむ地球人が争いごとをやめたとしたら……。そのときこそ遠い星から観察していた宇宙人が、私たちを認めてくれるかもしれない。

「やっと地球の生物もわかってきたか。では、そろそろ銀河系サミットの仲間にくわえてやろうか」

などと……。そのとき、彼らは地球にむけて、本当にメッセージを送ってくるかもしれない。

広く大きな宇宙。そこに隣人《りんじん》を探すなゆたOSETI。それに参加している人たちが、小さな地球と、かけがえのない人間をもう一度見つめなおすきっかけになればいいな、いつもそう思いながらやっている。

地上から宇宙をあおぎ見て、次には宇宙から地球を見おろす。星空はながめるだけのものではなく、そこから地球を観察する場所になるのだ。

泣きくずれていた少女の姿。私は娘《むすめ》とこの少女がかさなった。見ているこちらでさえ胸《むね》がはりさけそうな思いになる。でも、私にはどうすることもできない。そう感じていたが、しばらくして私は気がついた。私にはできることがあったのだ。いや、それは私がしなければならないことだったのだ。

＊

「クィーン」

エンクロージャーのスリットがしずかにひらいていく。

「ベンチレータＡ、Ｆ、オープン」

大撫山《おおなでさん》の上空は快晴。数多《あまた》の星々がかがやいている。私は、今夜もなゆたをターゲットにむける。

「スリット一・二秒角。オーダカットフィルタＷＧ三二〇。波長五三二〇・七オングストローム」

私がＯＳＥＴＩを続けることで、ひとりでも多くの人にもう一度考えてもらいたい。

「ハルトマン板退避《たいひ》。スリットビュワフィルタグリーン。光源ミラー退避」

——大きな宇宙と小さな地球。

「波長光源ランプ消灯確認。フラットランプ消灯確認。すべてＯＫ」

——そして、そこにすむかけがえのない人間のことを。

「露光開始《ろこうかいし》！」

あとがき

この本の執筆をたのまれる一ヵ月ほど前のことだ。ハーバード大学のOSETI専用望遠鏡が完成したというニュースが入ってきた。私がなゆたで一般の方とOSETIをやろうと決意するきっかけになったあの望遠鏡だ。結果的に、私たちのOSETIのほうが先にはじめることになり、不思議な思いだった。

「なゆた」からのメッセージ。読者のみなさんが、大きな宇宙と小さな地球、そしてそこにすんでいるかけがえのない人間をもう一度見つめなおすきっかけになってもらえたらとてもうれしい。

カール・セーガンは地球を「宇宙の浜辺」にたとえた。みなさんも宇宙の浜辺でこの本を読んで、宇宙と地球、人間について考えてもらえたらと思う。そして、読み終えたら、今夜さっそく夜空を見上げてはいかがだろうか？　星空をあおぎ、ふりかえって地球を見おろしてほしい。宇宙人の視点で……。

そして今度は、みなさんとなゆたOSETIの場で会えたらもっとうれしい。その中には、将来天文学者になる人がいるかもしれない。そして、いっしょに研究する人が出てきてくれるかもしれない。

この本を執筆するにあたって、西はりま天文台の森本雅樹顧問をはじめ、上司や同僚の協力理解をえた。そもそも同僚の活躍がなかったらなゆたも可視光分光器も動いていない。西はりま天文台のみんなに感謝したい。西はりま天文台万歳！

妻と娘にも感謝している。知人の下代《げしろ》博之さんにも。彼は、私が一般の方とOSETIをすることの意義を理解してくれて、いつも応援してくれる。

最後に、草炎社の間澤洋一社長、社員の方々に感謝したい。とりわけ今回担当だった八木志朗さん。毎回原稿を送るたびに、「ドキドキ、ワクワクして読みました。続きが読みたくてたまらない」と返事をくれた。その作戦にまんまとひっかかった私は一ヵ月でこの本を書きあげてしまった。八木さんには、こんなすてきなチャンスをいただいたことにも感謝している。いっしょに気持ちよく仕事ができてよかったと思っている。

この本を、将来の地球を担う少年少女にささげたい。

二〇〇六年十月　佐用町にて

鳴沢真也

◎写真提供（敬称略）

兵庫県立大学西はりま天文台

（文中クレジットのないものは、すべて兵庫県立大学西はりま天文台提供）

戸次寿一

神戸大学

井垣潤也

戸田博之

鳴沢真也（なるさわしんや）
Shin-ya Narusawa

1965年、長野県生まれ。福島大学卒業、同大学院修了。宮城県立高校の理科教諭を経て1995年から兵庫県立大学西はりま天文台に勤務。主任研究員を経て2012年から兵庫県立大学西はりま天文台、天文科学専門員。専門は天体物理学とSETI（地球外知的生命探査）。2005年に日本で初の光学SETIを開始した。2009年に全国同時SETI、2010年に世界合同SETIの各プロジェクトリーダーを務める。
著書に『望遠鏡でさがす宇宙人』（旬報社）、『宇宙から来た72秒のシグナル』（ベストセラーズ）、『ぼくが宇宙人をさがす理由』（旬報社）、『宇宙人の探し方』（幻冬舎）などがある。

Soensha グリーンブックス N2

137億光年のヒトミ
――地球外知的生命の謎を追う――

2006年11月　第1刷発行
2017年 7 月　第5刷
著者 ◎ 鳴沢真也

発行者 ◎ 笠井信寿
発行所 ◎ 株式会社そうえん社
〒160-0015 新宿区大京町22-1
営業 03-5362-5150(TEL)　03-3359-2647(FAX)
編集 03-3357-2219(TEL)
振替：00140-4-46366
製版・印刷 ◎ 株式会社 光陽メディア
製本 ◎ 株式会社 若林製本工場
N.D.C.916／190p／20cm
ISBN978-4-88264-301-2